普通高等教育"十二五"规划教材·数字媒体技术

U0360850

Adobe Flash CC 动画制作
案例教学经典教程

史创明　卢连梅　编　著

案例动画制作技术人员：

金　瑶（第1章）张瑞铌（第2章）　马梦玲（第3章）　李　倩（第4章）

夏　青（第5章）张　勇（第6章）　胡平丹（第7章）　雷　倩（第8章）

龙梦蝶（第9章）霍亚新（第10章）徐　庶（第11章）梅佳星（第12章）

案例动画和知识点微视频讲解制作人员：

姜怡峰　秦　雪 方梦雪　贾一丹　彭　雪　陈　蝶　范臻颖　许飘平

电子工业出版社

Publishing House of Electronics Industry

北京 · BEIJING

内 容 简 介

本书是学习使用 Flash CC 制作动画的经典学习用书。

本书共 12 章，每一章教学都设计了一个经典的教学案例，通过案例制作流程和制作细节的描述，系统地阐述 Flash CC 动画制作的基本技能和原理。每一章还配备了一个模拟练习作品，在学习完书本内容后进行模拟实战，然后再进行个人创意练习。科学的学习流程设计为读者掌握 Flash 动画制作技术提供了条件。

本书内容主要包括 Flash CC 动画制作快速入门、Flash CC 中图形的绘制与处理、创建和编辑元件、添加动画、制作形状的动画和使用遮罩、创建交互式导航、处理声音和视频、加载和显示外部内容、文本制作与编辑、发布到 HTML5、Flash Ik 动画、发布 Flash CC 文档等内容。

本书配套的学习网站（http://nclass.infoepoch.net）提供了课程案例和模拟练习源文件供使用者下载，另外有精彩的视频讲解。

本书适合大、专院校相关专业师生作为教材使用，也可作为培训机构的培训教材，同时对广大的初、中级 Flash 动画制作爱好者来说是一本推荐参考书。

图书在版编目（CIP）数据

Adobe Flash CC 动画制作案例教学经典教程 / 史创明，卢连梅编著. —北京：电子工业出版社，2016.6

ISBN 978-7-121-29037-4

Ⅰ. ①A… Ⅱ. ①史… ②卢… Ⅲ. ①动画制作软件—高等学校—教材 Ⅳ. ①TP391.41

中国版本图书馆 CIP 数据核字（2016）第 128702 号

策划编辑：任欢欢
责任编辑：郝黎明
印　　刷：三河市鑫金马印装有限公司
装　　订：三河市鑫金马印装有限公司
出版发行：电子工业出版社
　　　　　北京市海淀区万寿路 173 信箱　邮编　100036
开　　本：787×1 092　1/16　印张：15　字数：384 千字
版　　次：2016 年 6 月第 1 版
印　　次：2016 年 6 月第 1 次印刷
定　　价：38.00 元

凡所购买电子工业出版社图书有缺损问题，请向购买书店调换。若书店售缺，请与本社发行部联系，联系及邮购电话：（010）88254888，88258888。

质量投诉请发邮件至 zlts@phei.com.cn，盗版侵权举报请发邮件至 dbqq@phei.com.cn。

本书咨询联系方式：192910558（QQ 群）。

前　言

Adobe Flash Professional CC 在动画制作、交互式 Web 应用和移动应用开发等方面提供了功能强大的创作和编辑环境，本书主要对 Flash 动画制作方面的基础技能知识进行学习和训练。

本书使用技巧：

本书的内容根据教育规律、学习心理学的规律进行了精心设计，读者若能严格按照书籍设计的学习过程去做，可以达到事半功倍的学习效果。

第一步，下载学习内容

在浏览器中输入 "http://nclass.infoepoch.net" 网址，在出现的网页中单击标有该书名称的图标，进入该书的内容页面。单击【详细内容】按钮后，选择如图 1 所示的 "资源下载" 按钮。

在出现的下载页面中，下载相应章节的 "范例文件"、"模拟练习文件"、"PPT"、"扩展练习题与答案" 等如图 2 所示的资源到本地硬盘。"PPT"、"扩展练习题与答案" 将为教师的教学提供参考。

| 前言 |
| 教学案例 |
| 模拟案例 |
| 知识点 |
| 资源下载 |
| 视频讲解 |
| 联系我们 |

范例文件　　　模拟练习文件　　　PPT　　　扩展练习题与答案

图 1　　　　　　　　　　　　　　　　图 2

该书籍网站是纯 Flash 网站，也就是说用我们现在学习的 Flash 技术设计的（本书不涉及 Flash 的网站设计技术）。如不能正常打开书籍网站，请注意浏览器的 FlashPlayer 插件是否工作正常。

第二步，手把手范例教学

按照教材的详细提示，完成书籍中所讲范例的制作，掌握相应的理论和知识点。对于初学者，学习过程中切忌浮躁，要认真做完要求的每一步。

如果学习过程中有疑问，您还可以打开如图 1 所示的视频讲解链接，跟着视频讲解一步步学习。如果想丰富和扩展自己的知识，可以打开如图 1 所示的"知识点"链接进一步学习。

第三步，进行模拟练习

打开下载的"模拟练习"目录中相应章节的模拟练习示例文件，观看效果后，使用已提供的素材，制作出同样效果的 Flash 作品。下载资料中有原始文件，如果制作过程中有困难可参考原始文件，最好的方式是读者独立自主地完成作品。

第四步，创意练习

运用以上训练学习的技能，自己设计制作一个包含章节知识点的 Flash 动画作品。如果不能够独立自主创意制作，说明还没有完全掌握章节的内容，请重复前三步的学习过程，直到能自主创意设计为止。

第五步，进一步学习

可登录 http://book.infoepoch.net 书籍配套网站，深入学习各种 Flash 资源。

本书特点

1. 学习过程精心设计，学习效果好

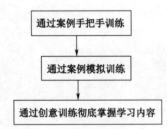

2. 实例典型，轻松易学

书中每一章的案例都经过精心设计，既是一个独立的作品，又能够完整反映该章的知识点。案例通俗易懂，深入浅出。

3. 书籍配套服务完善

为了满足读者更好地掌握书籍内容，特意建立了书籍的配套学习网站 http://book.infoepoch.net，网站不但有该书本身的学习资料供读者随时下载，还有进一步加深学习的资料，包括视音频资源，

题库等。

读者对象

本书适合作为高校 Flash 动画制作课程的教材，社会培训机构的培训用书，以及广大 Flash 动画制作爱好者自学用书。也适合使用 Flash 进行开发的工程技术人员作为参考书。

致读者

本书由史创明、卢连梅编著。在本书的编著过程中，武汉市楚楚创意信息技术有限公司也给予了大力的协助。我们以科学严谨的态度，力求精益求精，但错误疏漏之处在所难免，敬请广大读者批评指正。

感谢您购买此书，希望本书能为您成为 Flash 动画制作中的领航者铺平道路，在今后的工作中更胜一筹。

编　者

目　录

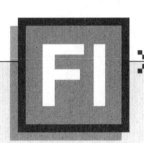

第 1 章
Flash CC 动画制作快速入门

本章学习内容：

1. 了解 Flash CC 的界面环境。
2. 学习使用 Flash CC 新建文件。
3. 了解 Flash CC 的工作区。
4. 熟悉 Flash CC 各类部件的操作和设置。
5. 学习使用 Flash CC 进行 Flash 动画的预览和保存。

完成本章的学习需要大约 2 小时，请从素材中将文件夹 Lesson01 复制到你的硬盘中。

知识点：

由于本书篇幅有限，下面的知识点并非在本章中都有涉及或详细讲解，在本书的学习网站上（http:// nclass.infoepoch.net）有详细的微视频讲解，欢迎登录学习和下载。

1. 安装与卸载 Flash CC、启动与退出 Flash CC、设置动画文档属性、使用键盘快捷键、切换多种工作界面、掌握工作区基本操作、巧用 Flash CC 帮助系统、新建动画文档、保存动画文件、打开和关闭文件、动画文档的操作、编辑工作窗口、场景等基本操作。

2. 应用标尺、应用网格、应用辅助线、转换场景视图、对象贴紧操作、控制舞台显示比例、辅助图形工具、基本图形工具、填充图形工具、变形图形对象、刷子和橡皮擦工具、设置绘图环境、图层的基本操作。

本章范例介绍

本章是一个诗词的动画案例，将每句诗和相应的图片对应。通过这个案例，要掌握在"时间轴"上组织帧和图层、导入文件到库和舞台、在"属性"面板中编辑图片、通过工具面板添加文字，以及制作简单的动画，如图 1.1 所示。

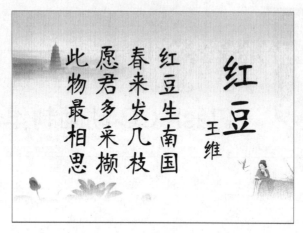

图 1.1　诗词动画效果

 启动 Adobe Flash Professional CC

在 Windows 操作系统中选择"开始"→"所有程序"→"Adobe Flash Professional CC"命令。

启动 Flash 后，会看到"开始"页面，如图 1.2 所示。其中可以通过模板和各种模式进行 Flash 文件和项目的新建，也可以看到最近打开的项目，并提供了教程等学习资料的链接。

图 1.2　Flash "开始"页面

预览完成的动画

（1）因该动画要使用"汉仪南宫体简"字体，将 Lesson01/范例文件/作品素材文件夹中的"汉仪南宫体简.ttf"文件，复制到 C:/Windows/fonts 文件夹中。

（2）双击打开 Lesson01/范例文件/Complete01 文件夹中的 complete01.swf 文件，播放器会对 complete01 动画进行播放，如图 1.3 所示。

（3）关闭 Flash Player 预览窗口。

注意：本书 Flash 软件采用的是浅色界面，软件默认的是深色界面。设置方式为：选择"编辑"→"首选参数"选项，弹出"首选参数"对话框，然后在该对话框的"用户界面"下拉列表框中选择"浅"选项，如图 1.4 所示。

图 1.3　播放 complete01 动画

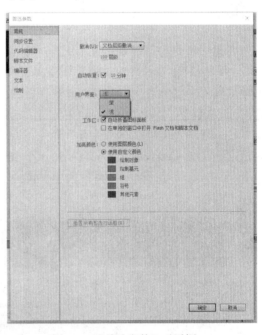

图 1.4　"首选参数"对话框

（4）也可以用 Flash CC 打开源文件进行预览，在 Flash CC 菜单栏中选择"文件"→"打开"选项，然后在"打开"对话框中选择 Lesson01/范例文件/Complete01 文件夹中的 complete01.fla 文件，并单击"打开"按钮，如图 1.5 所示。

（5）选择"控制"→"测试影片"→"在 Flash Professional 中"选项同样可以预览动画效果，如图 1.6 所示。

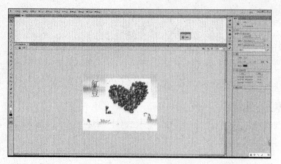

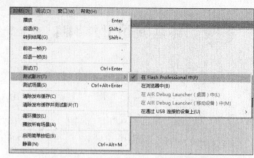

图 1.5　用 Flash CC 打开源文件进行预览　　　图 1.6　在 Flash Professional 中预览动画效果操作
　　　　　　　　　　　　　　　　　　　　　　　　　　　　　步骤

1.3　新建 Flash 文件

要想创建如刚刚所预览的动画，首先要新建一个文档。

（1）选择"文件"→"新建"选项，然后在"新建文件"对话框中选择"ActionScript 3.0"
选项，再单击"确定"按钮以创建一个新的 Flash 文档，文件扩展名为"fla"（这是最常用
的 Flash 文件格式）。ActionScript 3.0 是 Flash 中可以进行编程的脚本语言，如图 1.7 所示。

（2）选择"文件"→"保存"命令，在出现的对话框中将文件命名为"demo01.fla"，
并把它保存在 Lesson01/范例文件/Start01 文件夹中；在菜单栏中选择"修改"→"文档"
命令，在出现的对话框中将舞台大小设置为宽"550"像素，高"400"像素，背景为白色，
如图 1.8 所示。

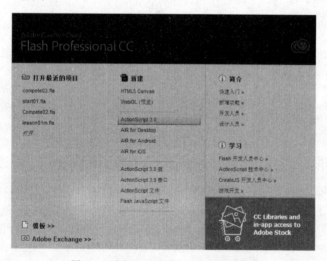

图 1.7　选择 ActionScript 3.0 脚本语言　　　　　　图 1.8　设置舞台的大小

（3）立即保存文件是一个良好的工作习惯，可以确保当应用程序或计算机崩溃时文件
不会丢失。

1.4　了解工作区

Adobe Flash Professional CC 的工作区包括位于屏幕顶部的命令菜单及多种工具和面板，用于在影片中编辑和添加元素。可以在 Flash 中为动画创建所有的对象，也可以导入在 Adobe Illustrator、Adobe Photoshop、Adobe After Effects 及其他兼容应用程序中创建的元素。

默认情况下，Flash 会显示"菜单栏"、"时间轴"、"舞台"、"工具"面板、"属性"面板、"编辑"栏及其他面板，如图 1.9 所示。在 Flash 工作区中，可以打开、关闭、停放和取消停放面板，以及在屏幕上四处移动面板，以适应个人的工作风格或屏幕分辨率。

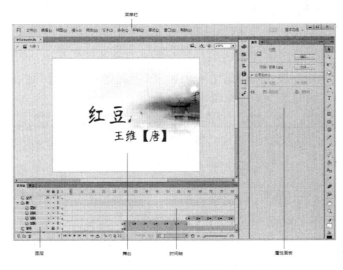

图 1.9　Flash 工作区

 1.5　舞台

Flash 工作区中间的白色矩形区域被称为"舞台"。舞台是用户在创建 Flash 文件时放置多媒体内容的矩形区域，这些内容包括矢量图、文本框、按钮、导入的位图或视频。要在工作时更改舞台的视图，可以选择舞台上方的弹出式菜单中的选项来进行放大和缩小，如图 1.10 所示。 若要在舞台上定位项目，可以使用网格、辅助线和标尺。

同样也可以根据"舞台"的属性来设置它的颜色和尺寸。可以在"属性"面板中的"属性"栏中直接单击"舞台"的"大小"和"舞台"的背景颜色来更改，如图 1.11 所示。

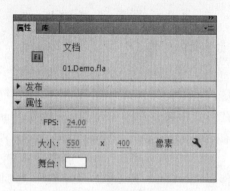

图 1.10　更改舞台的视图　　　　　　　图 1.11　"属性"面板

 使用"库"面板

在菜单栏中选择"窗口"→"库"命令，可以打开"库"面板，库面板是用来存储和组织在 Flash 中创建的元件（元件是用于动画和交互性的可重复使用的资源）及导入的文件，其中包括位图、图形、声音文件和视频剪辑。

导入文件到 Flash 中，可以把它们直接导入到"舞台"或导入库中。不过，导入到"舞台"上的任何项目都会被添加到库中，也可以从"库"面板中调出库中的任何项目到舞台上，然后编辑它们或查看其属性。

1．把文件导入"库"面板中

可以利用 Flash 强大的绘图工具创建矢量图形并将它们保存为元件，存储在"库"中。但是 Flash 不能编辑像 JPG 这样的位图文件和像 MP3 这样的音频文件，因此往往导入外部的各种媒体文件到 Flash 中，它们也存储在库中。本章的案例中将导入几幅 JPEG 图像到"库"面板中，以便在动画中使用。

（1）打开 Lesson01/范例文件/Start01 文件夹中的 Start01.fla 文件，选择"文件"→"导入"→"导入到库"命令，然后在"导入到库"对话框中选择 Lesson01/范例文件/文件素材文件夹中 Photo1.jpg、Photo2.jpg、Photo3.jpg、Photo4.jpg、背景 1.jpg、背景 2.jpg 文件，可以按住 Shift 键选择多个文件，并单击"打开"按钮；Flash 将导入所选的 JPEG 图像，并把它存放在"库"面板中。

（2）"库"面板将显示所有导入的 JPEG 图像，以及它们的文件名和缩略图预览，如图 1.12 所示。导入后就可以在 Flash 文档中使用这些图像。

2．添加文件到"舞台"上

从"库"面板中添加项目到"舞台"上，要使用导入的图像，只需把它从"库"面板中拖到"舞台"上即可。

注意: 选择"文件"→"导入"→"导入到舞台"命令或按 Ctrl+R 组合键一次性将图片文件导入到"库"面板中并放置在"舞台"上。

（1）如果还没有打开"库"面板,可以选择"窗口"→"库"选项将其打开。

（2）把背景 1.jpg 项目拖到"舞台"上,并放在"舞台"中央的位置,如图 1.13 所示。

图 1.12　引入 JPEG 图像

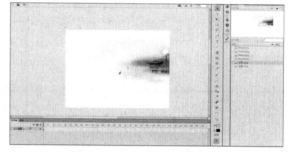

图 1.13　添加文件到"舞台"上

（3）单击舞台上的背景图像,打开"属性"面板,在"位置和大小"选项中设置其尺寸宽为"550",高为"400"。位置值 X 为"0"、Y 为"0",如图 1.14 所示。

 1.7　时间轴和图层

图 1.14　设置背景图像的位置和大小

1．时间轴

时间轴是用于组织和控制文档内容在一定时间内播放的内容,时间轴由图层数和帧数组成,如图 1.15 所示。对于 Flash 来说,时间轴至关重要,它是动画的灵魂。只有熟悉了时间轴的操作和使用方法,制作动画才能得心应手。

（1）帧:和胶片一样,Flash 文档中帧为测量时间的单位,当视频播放时,显示红色的直线为播放头,播放时播放头在"时间轴"中向前移动,这样可以为不同的帧更换"舞台"上的内容。反之,想显示帧上的内容,可以直接在"时间轴"中把播放头移到那个帧上。

在时间轴的底部，会显示所选的帧编号和当前帧速率（每秒播放多少帧），以及所经过的时间，即视频在播放中所使用的时间。

（2）图层："时间轴"中包含的图层就像是层叠在一起的多张幻灯胶片，每个图层都包含一个显示在舞台上的不同图像。可以在一个图层上绘制和编辑对象，而不影响其他层的对象。

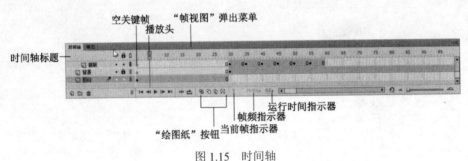

图 1.15　时间轴

2．重命名、锁定图层

对不同的图层命名，是为了当编辑时能够更快地找到它，然后对其更改或进行其他操作（一般为了更好的操作，会把编辑的内容分到不同的层上，按其内容进行命名）。

（1）在"时间轴"中选择现有的图层。

（2）双击图层的名称并重命名为"题目"。

（3）在名称框外单击，应用新名称，如图 1.16 所示。

（4）单击锁定图标下面的圆点锁定图层，锁定图层可以防止意外更改，如图 1.17 所示。图层名称后面带有斜线的铅笔图标表示此图层已经锁定，无法对其进行编辑。

图 1.16　重命名图层

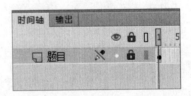

图 1.17　锁定图层

3．添加新图层

新的 Flash 文档中只包含一个图层，但是可以根据需要添加许多图层。顶部图层中的对象将叠盖住底部图层中的对象。

（1）在"时间轴"中选择"题目"图层，如图 1.18 所示。

（2）选择"插入"→"时间轴"→"图层"命令，也可以单击"时间轴"下面的"新建图层"图标 ，新图层将出现在"题目"图层上面。

（3）双击新图层并重命名为"首联"。在名称框外单击，应用新名称。从"库"面板中把名为"Photo1.jpg"的库项目拖到舞台上，如图 1.19 所示。

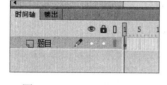

图 1.18　"题目"图层　　　　　　图 1.19　"Photo1.jpg"项目拖到舞台上

（4）依次添加"背景"、"颔联"、"颈联"、"尾联"、"全诗"等图层，并将相应的图片"背景 2.jpg"、"Photo2.jpg"、"Photo3.jpg"、"Photo4.jpg"分别添加到"背景"、"颔联"、"颈联"、"尾联"图层上，将"背景"图层移到"首联"图层的下面，如图 1.20 所示。

图 1.20　添加新图层

4．删除图层和移动图层

在编辑时若不想要某个图层可以删除该图层，选中图层，单击"时间轴"面板下面的"删除"图标 ，也可以右击图层，在弹出的快捷菜单中选择"删除图层"命令。

如果想重新编排图层的位置，只需要上下拖曳所要重新编排的图层到任意位置。

5．组织图层

此时"时间轴"面板中有 7 个图层，其中 4 个图层是同类型的。当动画项目增大时，图层也会越来越多，且越来越难管理。为了操作方便高效，可以创建一个图层文件夹，图层文件夹有助于组合相关的图层，可以把它视作在桌面上为相关文档创建的文件夹。

（1）选中"尾联"图层，并单击"新建文件夹"图标 ，新建的图层文件夹就会出现在"尾联"图层之上。

（2）将文件夹图层重命名为"联"，把相关文件添加到"联"文件夹中，按各个图层出现在"时间轴"上的顺序来显示它们。

（3）把"首联"图层、"颔联"图层、"颈联"图层、"尾联"图层依次拖到"联"文件夹中，如图 1.21 所示。

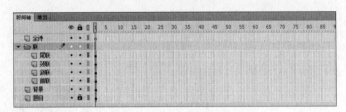

图 1.21　组织图层

1.8　"属性"面板

使用"属性"面板可以轻松访问舞台或时间轴上当前选中内容的最常用属性。可以在"属性"面板中更改对象或文档的属性。

"属性"面板中显示的相关属性内容是会随着选择对象的不同而发生改变的。例如，在"属性"面板中更改了"舞台"的大小和颜色，而在编辑"背景"图片时，通过"属性"面板更改其图片的大小和位置。这里介绍如何更好地利用"属性"面板更改图片的大小和位置。

（1）选中"背景"图层，单击"舞台"上蓝色框中的图片，在"时间轴"的第 1 帧处选择已拖到"舞台"上的"背景 2.jpg"。在"属性"面板中，将"X"值输入"0"、"Y"值输入"0"、"宽"为"550"、"高"为"400"。然后按 Enter 键应用这些值。

（2）选中"首联"图层，蓝色框线表示选取的对象。在"时间轴"的第 1 帧处选择已拖到"舞台"上的"Photo1.jpg"。在"属性"面板中，将"X"值输入"170"、"Y"值输入"30"、"宽"为"330"、"高"为"250"。然后按 Enter 键应用这些值，如图 1.22 所示。也可以简单地在"X"值和"Y"值上单击并拖动鼠标，来更改图片的位置，图片将移动到"舞台"的左边。

图 1.22　设置"首联"图层的大小和位置

注意：如果"属性"面板没有打开，选择"窗口"→"属性"选项来打开"属性"面板。

舞台的左上角度量"X"值和"Y"值，"X"开始于 0，并向右增加；"Y"开始于 0，并向下增加。

（3）选中"颔联"图层，蓝色框线表示选取的对象。在"时间轴"的第 1 帧处选择已拖到"舞台"上的"Photo2.jpg"。在"属性"面板中，将"X"值输入"170"、"Y"值输入"30"、"宽"为"330"、"高"为"250"。

（4）选中"颈联"图层，蓝色框线表示选取的对象。在"时间轴"的第 1 帧处选择已拖到"舞台"上的"Photo3.jpg"。在"属性"面板中，将"X"值输入"170"、"Y"值输入"30"、"宽"为"330"、"高"为"250"。

（5）选中"尾联"图层，蓝色框线表示选取的对象。在"时间轴"的第 1 帧处选择已拖到"舞台"上的"Photo4.jpg"。在"属性"面板中，将"X"值输入"170"、"Y"值输入"30"、"宽"为"330"、"高"为"250"。

 ## 1.9　帧

此时，舞台上的这些内容所组成的动画存在单个帧的时间。相当于只存在于一个时间点里，必须在"时间轴"上创建更多时间用于显示这些内容，为此就必须创建更多帧。

1. 插入帧

（1）在"题目"图层中选择第 29 帧，选择"插入"→"时间轴"→"帧（F5 键）"命令；也可以在第 29 帧上右击，然后在弹出的快捷菜单中选择"插入帧"命令。

（2）在"背景"图层上选择第 210 帧，插入帧。

（3）在"首联"图层上选择第 59 帧，插入帧。

（4）在"颔联"图层上选择第 89 帧，插入帧。

（5）在"颈联"图层上选择第 119 帧，插入帧。

（6）在"尾联"图层上选择第 149 帧，插入帧。

插入帧后的效果如图 1.23 所示。

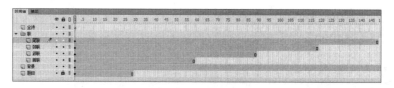

图 1.23　插入帧

2. 插入关键帧

（1）选择"背景"图层的第 30 帧，按 F6 键插入关键帧。关键帧与普通帧不同，关键帧表示该处内容有变化。在"时间轴"上圆圈表示关键帧。空心圆圈表示在特定的时间对应的图层中没有任何内容。实心黑色圆圈表示在特定的时间对应的图层中有内容。

（2）选择"首联"图层的第 30 帧，按 F6 键插入关键帧。

（3）选择"颔联"图层的第 60 帧，按 F6 键插入关键帧。

（4）选择"颈联"图层的第 90 帧，按 F6 键插入关键帧。

（5）选择"尾联"图层的第 120 帧，按 F6 键插入关键帧。

插入关键帧后的效果如图 1.24 所示

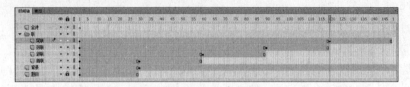

图 1.24　插入关键帧

3．删除帧

此时需要图片一张张地播放，因此应该把每个图片图层中关键帧前面的多余帧都清除掉。清除多余帧后，使得图层中的内容从关键帧所在的时间开始显示，而在此之前是没有内容显示的。

（1）选择"背景" 图层，选中 1～29 帧（单击第 1 帧，按住 Shift 键，在第 29 帧的位置单击帧）并右击，在弹出的快捷菜单中选择"清除帧"命令。

（2）选择"首联"图层，选中 1～29 帧并右击，在弹出的快捷菜单中选择"清除帧"命令。

（3）选择"颔联"图层，选中 1～59 帧并右击，在弹出的快捷菜单中选择"清除帧"命令。

（4）选择"颈联"图层，选中 1～89 帧并右击，在弹出的快捷菜单中选择"清除帧"命令。

（5）选择"尾联"图层，选中 1～119 帧并右击，在弹出的快捷菜单中选择"清除帧"命令。

删除多余帧后的效果如图 1.25 所示。

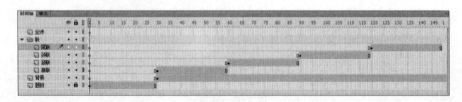

图 1.25　删除帧

了解工具面板

工具面板包含选择变形工具、绘图和文字工具、绘画调整工具、视图工具、颜色工具等。

工具面板中的每个工具都能实现不同的功能，熟悉各个工具的功能特性是 Flash 学习的重点之一。由于工具太多，一些工具被隐藏起来，在工具箱中，如果工具按钮右下角有黑色小箭头，则表示该工具中还有其他隐藏工具，如图 1.26 所示。

① 选择变形工具。选择变形工具包括了"部分选择工具"、"套索工具"、"任意变形工具"和"渐变变形工具"，利用这些工具可对舞台中的元素进行选择、变形等操作。

② 绘图和文字工具。绘图和文字工具包括"钢笔工具组"、"文本工具"、"线条工具"、"矩形工具组"、"椭圆工具组"、"多角星形工具"、"铅笔工具"、"刷子工具"，这些工具的组合使用能让设计者更方便地绘制出理想的作品。

③ 绘画调整工具。该工具能让设计者对所绘制的图形、元件的颜色等进行调整，它包括"骨骼工具组"、"颜料桶工具组"、"墨水瓶工具"、"滴管工具"、"橡皮擦工具"、"宽度工具"。

④ 视图工具。视图工具中的"手形工具"用于调整视图区域，"缩放工具"用于放大/缩小舞台大小。

⑤ 颜色工具。颜色工具主要用于"笔触颜色"和"填充颜色"的设置和切换。

在这里将使用工具面板中的"文本工具"为"时间轴"面板中的图层添加内容。

⑥ 对象绘制和贴紧至对象工具。

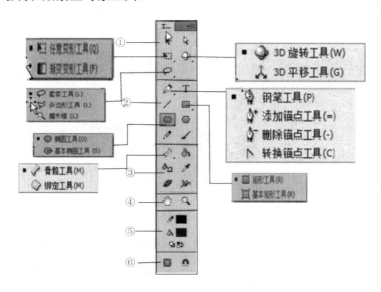

图 1.26　工具面板

1.11　使用文字工具在舞台和时间轴上布置文字

（1）选择"时间轴"面板中的"题目"图层，在工具面板中，选择"文本工具" T 。在"属性"面板中选择"静态文本"选项。设置"系列"为字体"（HY-NanGTJ）系统默认字体"，"大小"为"80"，"颜色"为黑色，如图 1.27 所示。在舞台中添加文本"红豆"。

（2）同样选择"时间轴"面板中的"题目"图层，在工具面板中，选择"文本工具" T 。在"属性"面板中选择"静态文本"选项。设置"系列"为字体"汉仪南宫体简"，"大小"为"45"，"颜色"为黑色，如图 1.28 所示。在舞台中添加文本"王维【唐】"。

图 1.27　设置文本"红豆"的字体大小和颜色

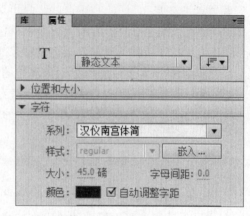

图 1.28　设置文本"王维【唐】"字体大小和颜色

（3）调整文字位置，如图 1.29 所示。

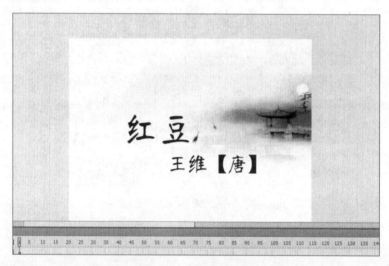

图 1.29　调整文字位置

（4）在"首联"图层中，将每隔 5 帧插入一个关键帧，添加一个字，字的属性为"静态文本"。设置"系列"为"汉仪南宫体简"，"大小"为"60"，"颜色"为黑色。把"红豆生南国"添加到"首联"图层中，选中第 35 帧，按 F6 键插入关键帧，添加文本"红"，在第 40 帧，按 F6 键插入关键帧，添加文本"豆"，在第 45 帧，按 F6 键插入关键帧，添加文本"生"，在第 50 帧，按 F6 键插入关键帧文本，添加文本"南"，在第 55 帧，按 F6 键插入关键帧，添加文本"国"，如图 1.30 所示。

（5）"颔联"、"颈联"、"尾联"图层分别添加"春来发几枝"、"愿君多采撷"、"此物最相思"等文本，并按照"首联"图层中的要求进行设置。

图 1.30　"首联"图层中插入关键帧

（6）在"全诗"图层的第 155 帧，按 F6 键插入关键帧，添加文本"红豆"。属性为"静态文本"，设置"系列"为字体"汉仪南宫体简"、"大小"为"80"、"颜色"为"黑色"。

（7）在"全诗"图层的第 210 帧，按 F5 键插入帧。

（8）在"全诗"的第 160 帧，按 F6 键插入关键帧，添加文本"王维"。属性为"静态文本"，设置"系列"为字体"汉仪南宫体简"、"大小"为"40"、"颜色"为黑色。

（9）在"全诗"图层的第 165 帧，按 F6 键插入关键帧，添加文本"红豆生南国"。属性为"静态文本"，设置"系列"为字体"汉仪南宫体简"、"大小"为"60"、"颜色"为黑色。

（10）在"全诗"图层的第 170 帧，按 F6 键插入关键帧，添加文本"春来发几枝"。属性为"静态文本"，设置"系列"为字体"汉仪南宫体简"、"大小"为"60"、"颜色"为黑色。

（11）在"全诗"图层的第 175 帧，按 F6 键插入关键帧，添加文本"愿君多采撷"。属性为"静态文本"，设置"系列"为字体"汉仪南宫体简"、"大小"为"60"、"颜色"为黑色。

（12）在"全诗"图层的第 180 帧，按 F6 键插入关键帧，添加文本"此物最相思"。属性为"静态文本"，设置"系列"为字体"汉仪南宫体简"、"大小"为"60"、"颜色"为黑色。

此时即完成了本章动画的制作，如图 1.31 所示。

图 1.31　动画制作的最终效果

在动画结束时停止动画播放

在默认情况下，动画播放结束后会继续从头循环播放，为了使动画播放到结尾时停止，需要在动画末尾的帧加上"stop();"代码，其步骤如下。

（1）在"全诗"图层上方新建图层，命名为"as"，如图 1.32 所示。

（2）在"as"图层的第 209 帧上右击，然后在弹出的快捷菜单中选择"插入关键帧"选项，如图 1.33 所示。

图 1.32　新建图层"as"

图 1.33　"插入关键帧"选项

（3）在刚插入的关键帧位置上右击，然后在弹出的快捷菜单中选择"动作"选项，如图 1.34 所示。

（4）在"动作"面板中输入"stop();"，如图 1.35 所示。如果需要重复播放可在"stop();"前加"//"，即　"//stop();"。这样就可继续循环播放。

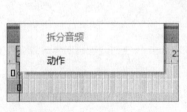

图 1.34　"动作"选项

图 1.35　"动作"面板中输入"stop();"

1.13　撤销执行的步骤

在 Flash 编辑时，想撤销单个步骤可以选择"编辑"→"撤销"命令或按 Ctrl+Z 组合键。

但在 Flash 中撤销多个步骤，最好的方法就是用到"历史记录"面板，在"历史记录"面板中会显示自打开当前文件执行的最后 100 个步骤的列表。文档关闭就会清除"历史记录"，而"历史记录"面板的访问可通过"窗口"→"其他面板"→"历史记录"命令来打开，如图 1.36 所示。

 1.14　预览影片

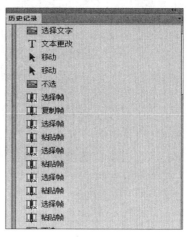

图 1.36　"历史记录"面板

在日常的操作时，一种好的方法就是频繁地预览它，以确保自己想要的效果，想快速在观众面前展示自己的作品，可以使用 Ctrl+Enter 组合键，也可以选择"控制"→"测试影片"→"在 Flash Professional 中"命令，如图 1.37 所示。

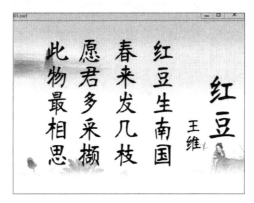

图 1.37　预览影片效果

此时，Flash 将在与 FLA 文件相同的位置创建一个 SWF 文件，然后在单独的窗口中打开并播放它。

当播放 SWF 文件后，Flash 会在这种预览模式下自动循环播放，如果不想循环播放，可选择"控制"→"循环"命令来取消选中的选项。

注意： 在"属性"面板底部，"SWF 历史记录"中显示并保存了最近发布的文件大小、日期、时间，这有助于跟踪工作进度和文件的修订情况。

1.15 保存影片

有句关于多媒体作品的俗语叫"早保存，常保存"。应用程序、操作系统和硬件的崩溃总是发生在意想不到并且特别不适合的时候，所以经常保存影片来保证崩溃发生时，不会损失太多。

（1）通过"文件"→"保存"命令来保存文件。

（2）使用"自动恢复"命令来备份。"自动恢复"功能是针对 Flash 应用程序的所有文档的一项首选参数。"自动恢复"功能所保存的备份文件可以在崩溃时有另外一个可选的恢复文件。

① 选择"编辑"→"首选参数"命令，出现"首选参数"对话框，如图 1.38 所示。

② 在该对话框左侧栏中选择"常规"选项卡。

③ 选中"自动恢复"复选框并且输入一个 Flash 创建备份文件的间隔时间（分钟）。

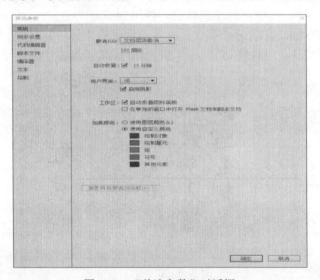

图 1.38 "首选参数"对话框

④ 单击"确定"按钮。Flash 将会在备份文件的文件名开头加上"RECOVER_"并保存在与原来文件相同的位置。这个文件在文档被打开期间一直存在，当关闭文档或安全退出 Flash 的时候这个文件将会被删除。

1.16 发布影片

想要和别人共享自己的作品时，可以在 Flash 中发布。对于大多数项目，Flash 会创建一个 SWF 文件（Flash 最终的影片）和一个 HTML 文件（指示 Web 浏览器如何显示 SWF

文件），所以要发布影片必须将这两个文件同时上传到 Web 服务器中的文件夹中。

（1）选择"文件"→"发布设置"命令或单击"属性"面板中的"发布设置"按钮，出现"发布设置"对话框。左侧是输出格式，右侧是对应的设置，如图 1.39 所示。

（2）选中"Flash（.swf）"和"HTML 包装器"复选框。

（3）选择"HTML 包装器"，如图 1.40 所示。HTML 文件的选项决定了 SWF 文件将如何出现在浏览器中播放，这里保留所有默认设置。

图 1.39　"发布设置"对话框　　　　　图 1.40　设置"HTML 包装器"参数

（4）单击"发布设置"对话框底部的"发布"按钮，然后单击"确定"按钮，关闭该对话框。

（5）打开"发布"文件夹，可以双击 HTML 文件在浏览器中观看，也可以双击 SWF 文件在 Flash Player 播放器中观看影片。

 知识链接

下载和安装 Adobe Flash Professional CS6 试用版

Adobe Flash Professional CC 采用的是 64 位架构，因此只能安装在 64 位系统上，目前的版本有 2013 版、2014 版和 2015 版，各版本功能上稍微有些区别。安装前从 Adobe 官网或其他相关网站下载源程序。下面以 2015 版为例（该书案例使用 2015 版）。安装之前需要申请一个 Adobe 账号，安装过程中会用到。

（1）运行安装文件夹中的"Flash_Professional_15_LS20.exe"程序，如图 1.41 所示。

（2）安装文件解压到指定位置，如图 1.42 所示。

图 1.41　运行安装程序　　　　　　图 1.42　安装文件解压到指定位置

（3）解压完毕后会自动启动安装程序，在这个过程可能会出现如图 1.43 所示的提示信息，单击"忽略"按钮即可。

（4）接下来就开始进行安装了，这里选择"试用"，如图 1.44 所示。

图 1.43　提示信息　　　　　　　　　图 1.44　欢迎界面

（5）此步需要登录刚才创建的 Adobe ID，如果之前没有创建 ID，则可以在单击"登录"按钮后的界面中创建，如图 1.45 和图 1.46 所示。

（6）在出现如图 1.47 所示的软件许可协议界面中单击"接受"按钮，即接受软件许可协议。

（7）登录操作完成后就进入安装内容界面了，安装可选项有两个，一个是主程序，另一个是 AIR for Apple iOS support（它是用 Flash 来制作 iPhone、iPad 应用的），建议保留，不需要的可以取消选中，如图 1.48 所示。

图 1.45　需要登录界面

　　图 1.46　申请一个 Adobe 账号

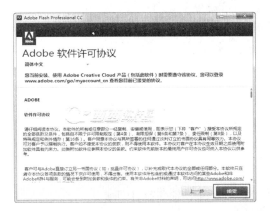

图 1.47　软件许可协议界面

图 1.48　安装内容界面

（8）等待 5～10 分钟便可完成安装，如图 1.49 和图 1.50 所示。

图 1.49　正在安装界面

图 1.50　安装完成界面

（9）安装完后运行 Adobe Flash CC 2015 程序，出现如图 1.51 所示的程序界面。

图 1.51　Flash 程序启动界面

（10）程序启动完毕，出现如图 1.52 所示的界面，此时就可以编辑和运行 Flash CS6 试用版应用程序了，试用版和正式版功能一样，区别主要是试用版有使用时间限制，如需要可购买正式版。正式版安装过程和试用版大体一致，不同的是只需要输入序列号即可。

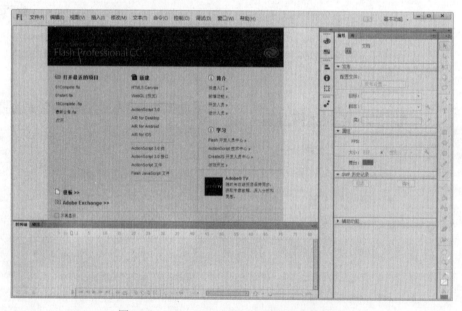

图 1.52　Flash CS6 试用版应用程序工作界面

作业

一、模拟练习

打开"模拟练习"文件目录，选择"Lesson01"→"Lesson01m.swf"文件进行浏览播放，仿照 Lesson01m.swf 文件，做一个类似的动画。动画资料已完整提供，保存在素材目录"Lesson01/模拟练习"中，或者从 http:// nclass.infoepoch.net 网站下载相关资源。

二、自主创意

自主设计一个 Flash 动画，应用本章学习的时间轴、图层、关键帧、帧、工具的使用、动画的预览和发布等知识。也可以把自己完成的作品上传到课程网站进行交流。

三、理论题

1. 什么是舞台？
2. 帧与关键帧之间的区别是什么？
3. 什么是隐藏的工具，怎样才能访问它们？
4. 指出在 Flash 中用于撤销步骤的两种方法，并描述它们。

理论题答案：

1. 在 Flash 播放器或 Web 浏览器中播放影片时，"舞台"是观众看到的区域。它包含出现在屏幕上的文本、图像和视频。存储在"舞台"外面粘贴板上的对象不会出现在影片中。

2. 帧是"时间轴"上的时间度量。在"时间轴"上利用圆圈表示关键帧，并且指示"舞台"上内容的变化。

3. 由于在"工具"面板中同时有太多的工具要显示，因此把一些工具组合在一起，并且只显示该组中的一种工具（最近使用的工具就是显示的工具）。若一些工具图标上的右下角出现了小三角形，表示有隐藏的工具可用。要选择隐藏的工具，可以单击并按住显示的工具图标，然后从下拉菜单中选择隐藏的工具。

4. 在 Flash 中可以使用"撤销"命令或者"历史记录"面板撤销步骤。若一次撤销一个步骤，可以选择"编辑"→"撤销"命令，若一次撤销多个步骤，可以在"历史记录"面板中向上拖动滑块删除不需要的步骤。

第 2 章
Flash CC 中图形的绘制与处理

本章学习内容：

1. 创建形状，编辑形状。
2. 了解笔触与填充的设置，使用颜色渐变。
3. 元件的基本操作，并对元件应用模糊和发光处理。
4. 创建和编辑曲线。
5. 创建和编辑文本。

完成本章的学习需要大约 2 小时，请从素材中将文件夹 Lesson02 复制到你的硬盘中，或从 http://nclass.infoepoch.net 网站下载本章学习内容。

知识点：

由于本书篇幅有限，下面的知识点并非在本章中都有涉及或详细讲解，在本书的学习网站上有详细的微视频讲解，欢迎登录学习和下载。

1. 编辑矢量线条锚点、设置矢量线条属性、编辑矢量线条、修改矢量图形、应用颜色面板、应用样本面板、选取颜色的方法、掌握颜色填充类型、使用面板填充图形、使用按钮填充图形。

2. 预览图形对象、选择与移动图形、图形对象的基本操作、变形与编辑图形对象、使用对齐面板对齐图形、使用对齐菜单对齐图形、排列图形对象、合并图形对象、导入图像文件、编辑位图图像、修改位图图像、压缩与交互位图、基本绘图方法。

本章范例介绍

　　本章是一个描绘春天的静态插图动画案例。在图画中可以看到，郁郁葱葱的小草，春天里新长出来的花儿，淡蓝的天空中飘着几朵白云，还有暖暖的太阳，红晕的光芒给人们带来春的温暖，"等闲识得东风面，万紫千红总是春"，就连古人也很喜爱春天呢。通过这个案例来学习 Flash 的绘图功能，如图 2.1 所示。

图 2.1　春天静态插图的动画效果

 2.1　预览完成的动画并开始制作

　　（1）双击打开 Lesson02/范例文件/Complete02 文件夹中的 complete02.swf 文件，播放器会对 complete02 动画进行播放，如图 2.1 所示。

　　（2）关闭 complete02. swf 文件。

　　（3）双击打开 Lesson02/范例文件/Complete02 文件夹中的 complete02.fla 文件，观察时间轴，发现时间轴上有 10 个图层（"太阳"、"花 1"、"花 2"、"叶子 1"、"叶子 2"、"叶子 3"、"柄"、"白云"、"诗"、"小草"、"背景"），2 个图层文件夹（"花"和"叶子"）。

　　在本章中，将通过 Flash 工具面板中的常用绘画工具、绘画调整工具和颜色工具等来绘制一些矢量形状并修改，以及学习组合简单的元素来创建更复杂的画面。学习创建和修改图形是制作任何 Flash 动画的一个重要步骤。

 2.2　新建文件

　　（1）在菜单栏中选择"文件"→"新建"命令，然后在"新建文件"对话框中，选择"ActionScript 3.0"选项，再单击"确定"按钮以创建一个新的 Flash 文档，文件扩展名为"fla"。

图 2.2　创建所有图层和文件夹

（2）在菜单栏中选择"文件"→"保存"命令，在出现的对话框中将文件命名为"demo02.fla"，并把它保存在 Lesson02/范例文件/Start02 文件夹中；在菜单栏中选择"修改"→"文档"命令，在出现的对话框中将舞台大小设置为宽 550 像素，高 400 像素，背景为白色。

（3）一次性创建所有图层，在时间轴上，依次创建图 2.2 所示的所有图层和图层文件夹。

2.3　笔触和填充

Flash 中的每个图形都开始于一种形状。形状由两个部分组成：填充和笔触，前者是形状里面的部分，后者是形状的轮廓线。

填充和笔触彼此是独立的，因此可以轻松地修改和删除其中的一部分，而不会影响到另一部分。例如，可以使用蓝色填充和红色笔触来创建一个矩形。

（1）选择工具面板中的"矩形"工具，在工具面板中将笔触颜色设置为"红色"、填充颜色设置为蓝色，也可以在右侧的"属性"面板中进行同样的设置。将"笔触"设置为 3 像素，在舞台上绘制一个矩形，如图 2.3 和图 2.4 所示。

图 2.3　在舞台上绘制矩形　　　　　图 2.4　设置矩形的大小和颜色

（2）图形完成后，可以进行修改。在"属性"面板中将填充颜色改为绿色，笔触颜色改为黄色，将"笔触"修改为 5 像素，此时舞台上的矩形发生变化，如图 2.5 和图 2.6 所示。

图 2.5　修改矩形的大小和颜色　　　　　图 2.6　修改设置后的矩形

（3）可以独立的移动填充或笔触。选择工具面板中的"选择"工具，然后选中图形中的黄色填充部分，就可以拖曳该部分内容了，如图 2.7 所示。

图 2.7　拖曳图形中的黄色填充部分

（4）如果想要移动整个形状，就要同时选中它的笔触和填充部分。
（5）绘制该矩形的目的是学习笔触和填充、删除创建的图形。

 知识链接

绘画的首选参数

可以设置"绘画设置"来指定对齐、平滑和伸直行为。可以更改每个选项的容差设置，也可以打开或关闭每个选项。容差设置是相对的，它取决于计算机屏幕的分辨率和场景当前的缩放比率。默认情况下，每个选项都是打开的，并且设置为"正常"容差。

1. 绘画设置

（1）选择"编辑"→"首选参数"选项，然后选择"绘画"类别。
（2）在"绘画"类别下，从下列选项中选取。
① 钢笔工具。用于设置钢笔工具的选项。选择"显示钢笔预览"可显示从上一次单击的点到指针的当前位置之间的预览线条；选择"显示实心点"可将控制点显示为已填充的小正方形，而不是显示为未填充的正方形；选择"显示精确光标"可在使用钢笔工具时显示"十"字线光标，而不是显示钢笔工具图标。利用此选项，可以更加轻松地查看单击的精确目标。
② 连接线。决定正在绘制的线条的终点必须距现有线段多近，才能贴紧到另一条线上最近的点。该设置也可以控制水平或垂直线条识别，即在 Flash 中使该线条达到精确的水平或垂直之前，必须要将线条绘制到怎样的水平或者垂直程度。如果打开了"贴紧至对象"工具，该设置控制对象必须要接近到何种程度才可以彼此对齐。

③ 平滑曲线。指定当绘画模式设置为"伸直"或"平滑"时，应用到以铅笔工具绘制的曲线的平滑量（曲线越平滑就越容易改变形状，而越粗略的曲线就越接近符合原始的线条笔触）。若要进一步平滑现有曲线段，选择"修改"→"形状"→"平滑和修改"→"形状"→"优化"命令。

④ 确认线。定义用"铅笔"工具绘制的线段必须有多直，Flash 才会将它确认为直线并使它完全变直。如果在绘画时关闭了"确认线"工具，可在稍后选择一条或多条线段，然后选择"修改"→"形状"→"伸直"命令来伸直线条。

⑤ 确认形状。控制绘制的圆形、椭圆、正方形、矩形、90°和180°弧要达到何种精度，才会被确认为几何形状并精确重绘。选项是"关"、"严谨"、"正常"和"宽松"。"严谨"是要求绘制的形状要非常接近于精确；"宽松"指定形状可以稍微粗略，Flash 将重绘该形状。如果在绘画时关闭了"确认形状"工具，可在稍后选择一个或多个形状（如连接的线段），然后选择"修改"→"形状"→"伸直"命令来伸直线条。

⑥ 点击精确度。指定指针必须距离某个项目多近时，Flash 才能确认该项目。

2. 选取、部分选取和套索工具接触选项

使用"对象绘制"模式创建形状时，可以指定选取、部分选取和套索工具的接触感应选项。默认情况下，仅当工具的选取矩形框完全包围对象时，对象才会被选中。在对象仅被选择、部分选取或套索工具的选取框部分包围时，取消选择该选项将选择整个对象。

（1）选择"编辑"→"首选参数"（Windows）选项或"Flash"→"首选参数"（Macintosh）选项。

（2）在"常规"类别中，执行下列操作之一。

① 若要只选择完全包含在选取框中的对象和点，取消选择"接触感应选取"和"套索"工具。位于选择区域内的点仍会被选中。

② 若要选择仅部分包含在选取框中的对象或组，选择"接触感应选取"和"套索"工具。部分选取工具使用相同的接触感应设置。

创建基本形状

（1）使用椭圆工具。选择"太阳"图层，在工具面板中的"矩形工具"上长按，可以访问隐藏的工具，选择"椭圆"工具 。

（2）确保没有选中"对象绘制"模式图标 。将工具面板的笔触颜色设置为无色 填充颜色设置为红色。按住 Shift 键，同时在舞台上单击并拖曳，绘制一个正圆，在属性面板中设置宽和高分别为"50"，如图 2.8 所示。如果不按住 Shift 键，Flash 将不会对圆进行等比例缩放，可以绘制出椭圆。使用"矩形"工具绘图时，若按住 Shift 键可以绘制正方形，使用"直线"工具时，绘图按住 Shift 键可以绘制直线。

图 2.8　设置圆的颜色和大小

2.5　创建元件并添加发光效果

单纯的只是一个红色的太阳是很单调的，真正的太阳周围会有模糊的光芒，因此需要对图像进行加工。在 Flash 中无法对图像进行类似 Photoshop 中滤镜的效果添加，但是 Flash 可以对元件进行加工，所以要把图形转换成元件。

（1）（打开 start 文件）单击选择"椭圆工具"，编辑椭圆属性 ○。在属性面板中设置填充和笔触的属性，设置笔触为无色 ☑，设置填充颜色为红色。按住键盘上的 Shift 键，同时在舞台上单击并拖曳，绘制一个正圆，在属性面板设置宽和高分别为 50，这时"太阳"图层就绘制好了。选择"太阳"图层，右键单击舞台上的太阳，在弹出的快捷菜单中选择"复制"命令，如图 2.9 所示。

（2）打开菜单栏中的"编辑"菜单，选择"粘贴到中心位置"命令，如图 2.10 所示。

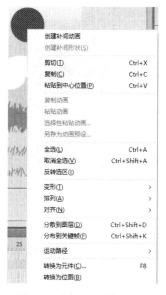

图 2.9　选择"复制"命令

图 2.10　选择"粘贴到中心位置"命令

（3）这样在舞台上就又出现一个太阳，选择粘贴的"太阳"，选择菜单栏中的"修改"→"转化为元件"选项，如图 2.11 所示。在弹出的对话框中输入元件名称，这里命名为"太阳模糊"，类型选择为"影片剪辑"，单击"确定"按钮，如图 2.12 所示。

图 2.11　选择"转换为元件"选项　　　　图 2.12　"转换为元件"对话框

（4）选择"任意变形"工具，把"太阳模糊"适当放大，单击属性栏中最左下角的添加效果标志，为"太阳模糊"增加模糊效果，设置"模糊 X"、"模糊 Y"分别为"50"，如图 2.13 所示，完成"太阳模糊"的效果。把"太阳模糊"元件放在前面画的太阳图层上面，效果如图 2.14 所示。

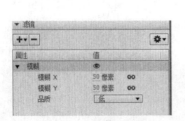

图 2.13　设置模糊像素　　　　图 2.14　"太阳模糊"效果

2.6　使用线性渐变制作背景

1. 使用渐变填充

图 2.8 中的太阳的颜色只是简单地填充了纯色，Flash 还可以对图形进行渐变填充，接下来用渐变填充制作春天的背景。

（1）选择"背景"图层，在工具面板中选择"矩形"工具。

（2）单击 图标或选择"窗口"→"颜色"命令，打开颜色面板，设置笔触颜色为无色，填充类型为"线性渐变"，填充颜色为"浅蓝淡蓝到白蓝色"之间的渐变，从左到右选择四个小三角形，颜色值依次设置为"00BBDE"、"A3F2F9"、"F7F7FB"、"CBFFFF"，如图 2.15 所示。

（3）在舞台上画出矩形，如图 2.16 所示。

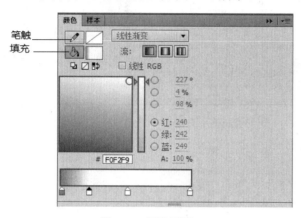

图 2.15　颜色面板　　　　　　　　　　图 2.16　在舞台上画一个矩形

（4）选择工具面板中的"渐变变形"工具 ▣ 改变渐变的方向，如图 2.17 所示。

（5）向左旋转矩形渐变颜色 90°，如图 2.18 所示。

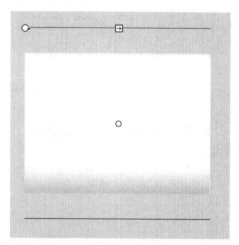

图 2.17　"渐变变形工具"选项　　　　　图 2.18　旋转矩形渐变颜色

（6）设置矩形的宽和高分别为 550 像素和 400 像素，X 和 Y 坐标为 0，使矩形铺满整个舞台，如图 2.19 所示。

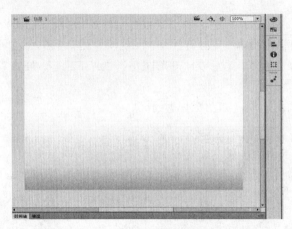

图 2.19　矩形铺满整个舞台

2. 使用线条工具

（1）选择"背景"图层，在工具面板中选择"线条"工具，设置"线条"工具的颜色为草坪的颜色（00E73F），在舞台上绘制线条，将线条围成一个封闭的形状，选择"选择"工具拖曳直线线条使其变成曲线；选择"颜料桶"工具，颜料桶工具的填充颜色和刚刚绘制的线条的笔触颜色一样是绿色，填充后如图 2.20 所示。

（2）选择"刷子"工具或是"铅笔"工具，这里选择"铅笔"工具，在"属性"面板中设置铅笔的颜色、铅笔的笔触样式等属性，如图 2.21 所示。（在铅笔工具的样式中可以修改铅笔样式属性，单击 图标中的铅笔图标，会出现"笔触样式"对话框，如图 2.22 所示。在对话框中可以打开下拉菜单设置属性大小，以便画出生动自然的小草。）

（3）在草天相接处和草坪空旷处画出小草，如图 2.23 所示。

（4）以同样的方法，再画两个草坪，分别使用颜色"D7F725"和"00A612"。最终绘制成如图 2.24 所示的效果。由于天空和三个草坪同在一个图层中操作，绘制过程中注意选择的精确度，否则会互相干扰。

图 2.20　填充颜色后的背景

图 2.21　设置铅笔的属性

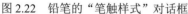

图 2.22　铅笔的"笔触样式"对话框

图 2.23　画出小草后的效果

（5）选择"小草"图层，用刷子工具使用不同的绿色在草坪上绘制小草，如图 2.25 所示。

图 2.24　绘制成三个草坪后的效果

图 2.25　三种不同绿色的草坪效果

 2.7　创建图案

使用"椭圆工具"和"刷子工具"

（1）选中时间轴上"花"文件夹下的"花 1"图层，在工具面板中选择"椭圆"工具，设置笔触颜色为无色，颜色为一种线性渐变色，渐变色为花朵的渐变色（渐变的设置方法见前面绘制背景时的设置渐变颜色步骤），以玫红为主，在舞台上画出椭圆，选择"选择工具"，修改椭圆的形状，使其像一朵花的花瓣（🌑），选择绘制好的"花瓣"按 Ctrl+C 组合键复制，按 Ctrl+V 组合键粘贴 5 片花瓣即可，选择"任意变形"工具适当改变花瓣的大小并旋转到适当的角度，使 6 片花瓣围成一个花朵。再选择"椭圆"工具为花瓣绘制花蕊，笔触颜色为深褐色，填充颜色为深黄色，按住 Shift 键画一个正圆的花蕊。选择"刷子"工具，选择好刷子的笔触颜色和笔触大小，为花朵绘制花干，同样使用刷子工具，为花朵绘制好绿叶，这样花朵就绘制好了。用同样的方法绘制出几个花朵，在画叶子和叶柄时把它们放到相应的图层中，也可以调整图层。图层的作用主要是方便管理、组织和编辑舞台上的对象，如图 2.26 所示。

（2）绘制"花 2"图层的花朵和图层"花 1"的方法一样，只需要改变一下"椭圆工具"填充颜色（笔触颜色还是无色）和"刷子"工具的填充颜色就好了。绘制好的效果如图 2.27 所示。

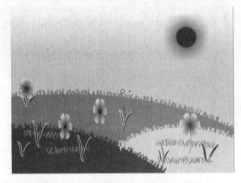

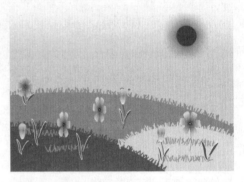

图 2.26　绘制好花朵的图画效果　　　　图 2.27　绘制好花朵 1 和花朵 2 的图画效果

2.8　更改颜色透明度

（1）选择"白云"图层，在颜色面板中设置笔触颜色为无色，填充颜色为白色，透明度（Alpha 值）为"80%"，如图 2.28 所示。

（2）使用椭圆工具，在舞台上画出几个部分重叠的椭圆或圆，形成云彩的形状，如图 2.29 所示。

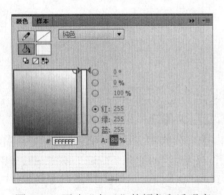

图 2.28　更改"白云"的颜色和透明度　　　　图 2.29　绘制好的白云的图画效果

2.9　创建和编辑文本

接下来，添加一些文本来完成制图工作。

（1）选择"诗"图层。

（2）单击"文本"工具 T，输入文字"等闲识得东风面，万紫千红总是春"。 选择自己喜欢的颜色和字体，并调整大小。

（3）选中创建的文本，选择"修改"→"转化为元件"命令，类型设置为"影片剪辑"，名称为"文字古诗"，单击"确定"按钮，如图 2.30 所示。

（4）为文字增添效果，选择"属性"面板中的"滤镜"项下中的"发光"效果，如图 2.31 所示。

图 2.30　"转换为元件"对话框

图 2.31　为文字增添"发光"效果

（5）设置"发光"效果的参数，"模糊 X"和"模糊 Y"设置为 4 像素，品质设置为"高"，发光颜色设置为红色，此时，即完成了本章动画的制作，如图 2.32 所示。

图 2.32　动画制作的最终效果

作业

一、模拟练习

打开"模拟练习"文件目录，选择"Lesson02"→"Lesson02m.swf"文件进行浏览播放，仿照 Lesson02m.swf 文件，做一个类似的动画。动画资料已完整提供，保存在素材目录"Lesson02/模拟练习"中，或者从 http://nclass.infoepoch.net 网站上下载相关资源。

二、自主创意

自主设计一个 Flash 动画，应用本章所学习的创建形状、编辑形状，了解笔触和填充，使用渐变填充和颜色填充，使用渐变变形工具和变形工具，创建透明度，创建和编辑文本等知识。也可以把自己完成的作品上传到课程网站进行交流。

三、理论题

1. 形状由填充和笔触两部分组成，这两部分的异同点是什么？
2. Flash 中的 3 种绘制模式是什么？它们有什么区别？
3. Flash 中的每一种选择工具都在什么时候使用？

理论题答案：

1. 相同点：填充和笔触彼此是独立的，因此可以轻松地修改或删除其中的一个部分，而不会影响另一个部分。

2. 3 种绘制模式是：合并绘制模式、对象绘制模式和基本绘制模式。

在合并绘制模式下，将合并在"舞台"上绘制的形状，使之变成一个单形状；

在对象绘制模式下，每个对象将保持泾渭分明，甚至当它与另一个对象重叠时也是如此；在基本绘制模式下，使用"椭圆"工具在"舞台"上绘制时要按住 Shift 键。

3. Flash 中包括 3 种选择工具：选择工具、部分选择工具和套索工具。

使用"选择"工具可以选择整个形状或对象；使用"部分选择工具"可以选择对象中特定的点或线；使用"套索"工具可以绘制任意选区。

第 3 章
创建和编辑元件

本章学习内容:

1. 创建新元件。
2. 编辑元件。
3. 了解各种元件类型之间的区别。
4. 了解元件与实例之间的区别。
5. 使用标尺和辅助线在"舞台"上定位对象。
6. 调整透明度和颜色。
7. 应用混合效果。
8. 利用滤镜应用特效。
9. 在 3D 空间中定位对象。

完成本章的学习需要大约 3 小时,请从素材中将文件夹 Lesson03 复制到你的硬盘中。

知识点:

由于本书篇幅有限,下面的知识点并非在本章中都有涉及或详细讲解,在本书的学习网站上(http://nclass.infoepoch.net)有详细的学习资料和微视频讲解,欢迎登录学习和下载。

1. 创建元件、管理元件、编辑元件、创建与编辑实例、使用库项目、编辑库项目、共享库资源。

2. 滤镜的使用、多种滤镜特效、在 3D 空间中定位对象、3D 旋转工具、元件的混合模式和颜色设置。

本章范例介绍

本章案例是一幅音乐画面的静态插图。本章将使用 Illustrator 图形文件、导入的
Photoshop 文件和一些元件创建一幅引人注目的图像，它带有一些非常有趣的效果，如图
3.1 所示。通过这个案例、学习创建元件或转换元件、图形的二次创作、元件实例的应用等
知识。学习如何使用元件是创建任何动画或交互性效果的必要步骤。

图 3.1　音乐画面的静态插图动画效果

 预览完成的动画

（1）双击打开 Lesson03/范例文件/Complete03 文件夹中的"complete03.swf"文件，Flash
Player 播放器会对 Complete03 动画进行播放，如图 3.1 所示。

（2）关闭 Complete03 文件。

（3）在菜单栏中选择"文件"→"打开"命令，在弹出的对话框中选择"start03.fla"
选项，打开"start03.fla"文件。

 导入 Illustrator 文件

在第 2 章中已经学到，在 Flash 中可以使用"矩形"、"椭圆"及其他工具绘制图形。
但是，对于复杂的绘图，用户可能更喜欢在另一个应用程序中创建作品。Adobe Flash
Professional 支持原始的 Adobe 文件，因此可以在 Illustrator 应用程序中创建原始作品，再
把它导入到 Flash 中。

在导入 Illustrator 文件时，可以选择导入文件中的图层，以及 Flash 应该如何处理这些图层。导入一个 Illustrator 文件，其中包含用于音乐画面的所有对象。

（1）新建"吉他"图层。

（2）选择"文件"→"导入"→"导入到舞台"命令。

（3）选择 Lesson03/范例文件/作品素材文件夹下的"吉他.ai"文件。

（4）单击"打开"按钮，弹出"导入到舞台"对话框，如图 3.2 所示。

（5）在"图层转换"选项区域中选中"保持可编辑路径和效果"单选按钮，如图 3.3 所示。

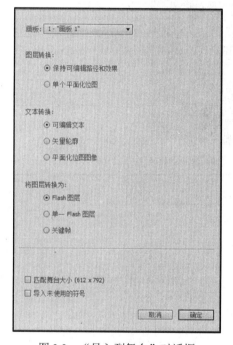

图 3.2　"导入到舞台"对话框　　　　图 3.3　选中"保持可编辑路径和效果"单选按钮

选择"保持可编辑路径和效果"单选按钮可以继续编辑在 Flash 中画的矢量图。而选中"单个平面化位图"单选按钮将把导入的 Illustrator 文件转换为位图。

（6）在"文本转换"选项区域中，选中"可编辑文本"单选按钮，如图 3.4 所示。

这个 Illustrator 文件中不包含文本，所以这个选项没有影响。

（7）在"将图层转换为"选项区域中，选中"Flash 图层"单选按钮，如图 3.5 所示。

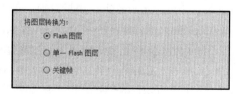

图 3.4　选中"可编辑文体"单选按钮　　　　图 3.5　选中"Flash 图层"单选按钮

选中"Flash 图层"单选按钮会保存 Illustrator 的图层；选中"单一 Flash 图层"单选按钮会将 Illustrator 图层变为一个 Flash 图层，而选中"关键帧"单选按钮会将 Illustrator 图层分离为独立的 Flash 关键帧。

（8）单击"确定"按钮。Flash 将导入 Illustrator 矢量图，并且 Illustrator 文件中的所有图层也会出现在"时间轴"中，如图 3.6 所示。

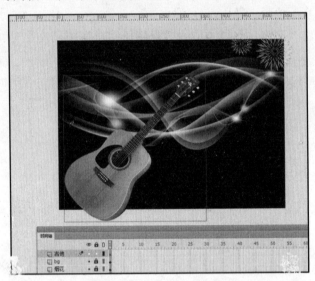

图 3.6 所有图层出现在"时间轴"中

 知识链接

结合使用 Adobe Illustrator 与 Flash

Flash Professional 可以导入原始的 Illustrator 文件，并且自动识别图层、帧和元件。如果熟悉 Illustrator 软件，就可以很容易地在 Illustrator 中设计布局，然后把它们导入到 Flash 中以添加动画和交互性。

以 Illustrator AI 格式保存 Illustrator 作品，然后在 Flash 中选择"文件"→"导入"→"导入到舞台"或"文件"→"导入"→"导入到库"命令，把作品导入到 Flash 中。此外，还可以从 Illustrator 中复制作品，并把它粘贴到 Flash 文档中。

1. 导入图层

当导入 Illustrator 文件包含图层时，可以用以下任何一种方式导入。

① 把 Illustrator 图层转换为 Flash 图层。

② 把 Illustrator 图层转换为 Flash 关键帧。

③ 把每个 Illustrator 图层都转换为 Flash 图形元件。

④ 把所有 Illustrator 图层都转换为单个 Flash 图层。

2．导入元件

在 Illustrator 中处理元件与在 Flash 中处理元件类似。事实上，在 Illustrator 中和在 Flash 中可以使用许多相同的针对元件的快捷键，如在这两种应用程序中都可以按下 F8 键来创建元件。在 Illustrator 中创建元件时，在弹出的"元件选项"对话框中允许命名元件并设置特定于 Flash 的选项，包括元件类型和注册网格位置。

如果想在不干扰其他任何内容的情况下在 Illustrator 中编辑元件，可以双击元件在隔离模式下编辑，Illustrator 将灰显面板上所有其他的对象。当退出隔离模式时，将会相应地更新"元件"面板中的元件及元件的所有实例。

在 Illustrator 中可以使用"元件"面板或"控制面板"给元件实例指定名称、断开元件与实例之间的链接、交换一个元件实例与另一个元件或创建元件的副本。

3．复制并粘贴图片

在 Illustrator 与 Flash 之间复制并粘贴（或拖动并释放）作品时，将会显示"粘贴"对话框，该对话框提供了用于正在复制的 Illustrator 文件的导入设置。可以把文件粘贴为单个位图对象，也可以使用 AI 文件的当前首选参数粘贴。在粘贴 Illustrator 作品时，就像把文件导入到"舞台"或"库"面板中时一样，可以把 Illustrator 图层转换为 Flash 图层。

关于元件

元件（Symbol）是可以用于特效、动画或交互性的可重用的资源。对于许多动画而言，元件可以减小文件大小和缩短下载时间，因为它们可以重复利用，可以在项目中无限次地使用同一个元件，但 Flash 只会把它的数据存储一次。

元件存储在"库"面板中。当把元件拖到"舞台"上时，Flash 将会创建元件的一个实例（Instance），并把原始的元件保存在"库"面板中，实例是位于"舞台"上的元件的一个副本。可以把元件视作原始的摄影底片，而把"舞台"上的实例视作底片的相片，只需要利用一张底片，即可创建多张相片。

元件只是用于内容的容器，包含 JPEG 图像、导入的 Illustrator 图画或在 Flash 中创建的图画。在任何时候，都可以进入元件内部进行编辑，这说明可以编辑并替换其内容。

Flash 中的 3 种元件都用于特定的目的，可以通过在"库"面板中查看元件旁边的图标辨别其类型（图形元件 ▧ 、按钮原件 🖱 、影片剪辑元件 🖼 ）。

1．影片剪辑元件

影片剪辑元件是常见的、最强大、最灵活的元件之一。在创建动画时，通常将使用影片剪辑元件，可以对影片剪辑实例应用滤镜、颜色设置和混合模式，以利用特效丰富其外观。

影片剪辑元件包含自己独立的"时间轴"。可以在影片剪辑元件内编辑一个动画，就像可以在主"时间轴"上编辑一个动画那样容易，这使得制作非常复杂的动画成为可能。例如，飞越"舞台"的蝴蝶可以从左边移动到右边，同时使其扇动的翅膀独立于它的移动。

更重要的是，可以利用 ActionScript 控制影片剪辑，使得它们对用户作出响应（如影片剪辑拖放行为）。

2．按钮元件

按钮元件用于交互性，包含 4 个独立的关键帧，用于描述当与光标交互时的显示。按钮需要 ActionScript 功能，以使得它们能够工作。

可以对按钮应用滤镜、混合模式和颜色设置。在第 6 章中，当创建非线性导航模式以允许使用选择所看到的内容时，将学到关于按钮的更多知识。

3．图形元件

图形元件是基本类型的元件。尽管可以把它们用于动画，但还是会依赖于影片剪辑元件。因为图形元件是最不灵活的元件，它们不支持 ActionScript，并且不能对图形元件应用滤镜或混合模式。不过，在某些情况下，当要使用图形元件内的动画与主"时间轴"同步时，图形元件就是有用的。

 创建元件

在 Flash 中，可以用两种方式创建元件。第一种方式是在"舞台"上不选取任何内容，然后选择"插入"→"新建元件"命令，进入元件编辑模式后就可以开始绘制或导入用于元件的图形了。第二种方式是选取"舞台"上现有的图形，然后选择"修改"→"转换为元件"（按 F8 键）命令，把选取的内容都自动放在新元件内。

注意：当使用"转换为元件"命令时，实际上不会"转换"任何内容，而是把所选的内容都放在元件内。

这两种方法都是有效的，使用哪种方法取决于特定的工作流程首选参数。大多数设计师更喜欢使用"转换为元件"命令，因为可以在"舞台"上创建所有的图形，并在把各个组件转换为元件之前一起查看。

本章将选取导入的 Illustrator 图形的不同部分，然后把各个不同部分转换为元件。

（1）在"舞台"上选取"吉他"图层，如图 3.7 所示。

（2）选择"修改"→"转换为元件"命令。

（3）将元件命名为"吉他"，类型选择为"影片剪辑"。

（4）保持所有其他设置不变。注册点表示元件的中点（X=0，Y=0）和变形点，保持注册点位置位于左上角。

（5）单击"确定"按钮。吉他元件将出现在"库"面板中，如图 3.8 所示。

图 3.7　选取"吉他"图层

图 3.8　吉他元件保存到"库"面板中

 导入 Photoshop 文件

　　将导入的 Photoshop 文件作为背景，Photoshop 文件包含两个图层及一种混合效果。混合效果可以在不同的图层之间创建特殊的颜色混合，Flash 在导入 Photoshop 文件时可以保持所有图层不变，并且还会保留所有的混合信息。

　　（1）在"时间轴"中选择顶部的图层，新建"小丑"图层。

　　（2）从顶部的菜单中，选择"文件"→"导入"→"导入到舞台"命令。

　　（3）在 Lesson03/范例文件/Start03/素材文件中选择"小丑.psd"文件。

　　（4）单击"打开"按钮，将出现"导入到舞台"对话框，如图 3.9 所示。

　　（5）在"图层转换"选项区域中选中"保持可编辑路径和效果"单选按钮，如图 3.10 所示。Photoshop 中的混合效果将被保留。

图 3.9　"导入到舞台"对话框

图 3.10　选中"保持可编辑路径和效果"单选按钮

（6）在"文本转换"选项区域中，选中"可编辑文本"单选按钮，如图 3.11 所示。

（7）在"将图层转换为"选项区域中，选中"Flash 图层"单选按钮，如图 3.12 所示。

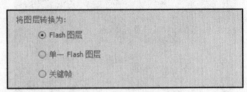

图 3.11 选中"可编辑文本"单选按钮　　图 3.12 选中"Flash 图层"单选按钮

选择"Flash 图层"选项保留了 Photoshop 中的图层；选择"单一 Flash 图层"单选按钮将 Photoshop 图层变为一个 Flash 图层；选中"关键帧"单选按钮将 Photoshop 图层分离为独立的 Flash 关键帧。可以改变 Flash "舞台"大小来匹配 Photoshop 画布。把导入"小丑"素材生成的图层命名为"小丑"。

（8）单击"确定"按钮，将放置"小丑.psd"的图层改名为"小丑"。

Photoshop 图层将被导入到 Flash 中，并被置于"时间轴"中独立的图层上，如图 3.13 所示。

Photoshop 图像将自动被转换为影片剪辑元件，并保存在"库"面板中。影片剪辑元件被包含在"小丑.psd 资源"文件夹中，将其中的"图层 2"影片剪辑文件改名为"小丑"，如图 3.14 所示。

图 3.13 Photoshop 图层被导入到 Flash 中　　图 3.14 影片剪辑元件被保存在"库"面板中

如果想编辑 Photoshop 文件，不必再次执行整个导入过程，可以在 Adobe Photoshop 或任何其他的图像编辑应用程序中的"舞台"上或"库"面板中编辑，只需右击或按住 Ctrl

键并单击图像，进行编辑即可。Flash 将启动该应用程序，一旦保存了所做的更改，就会立即在 Flash 中更新图像，但要确保右击或按住 Ctrl 键并单击的是"舞台"上或"库"面板中的图像，而不是影片剪辑元件。

 知识链接

1．关于图像格式

Flash 支持导入多种图像格式，Flash 可以处理 JPEG、GIF、PNG 和 PSD(Photoshop)文件。对于包含渐变和细微变化（如照片中出现的那些变化）的图像，可以使用 JPEG 文件；对于具有较大的纯色块或黑色和白色线条画的图像，可以使用 GIF 文件；对于包含透明度的图像，可使用 PNG 文件；如果想保留来自 Photoshop 文件的所有图层、透明度和混合信息，则可以使用 PSD 文件。

2．把位图图像转换为矢量图形

Flash 可以把位图图像转换为矢量图形，把位图图像作为一系列彩色点（或像素）进行处理，而把矢量图形作为一系列线条和曲线进行处理。这种矢量信息是动态呈现的，因此矢量图形的分辨率不像位图图像那样是固定不变的，这说明可以放大矢量图形，而计算机总会清晰地、平滑地显示它。把位图图像转换为矢量图形通常具有使之看起来像"多色调分色相片"的作用，因为细微的渐变将被转换为可编辑的、不连续的色块，这是一种有趣的效果。

要把位图图像转换为矢量图形，可以把位图图像导入到 Flash 中。选中位图图像，并选择"修改"→"位图"→"转换位图为矢量图"命令。

在使用"转换位图为矢量图"命令时一定要小心谨慎，因为与原始位图图像相比，复杂的矢量图形通常需要占用更多的内存，并且需要更多的计算机处理器周期。

 编辑和管理元件

1．添加文件夹和组织"库"

（1）在"库"面板中，右击或按住 Ctrl 键并单击空白处，在弹出的快捷菜单中选择"新建文件夹"命令，也可以单击"库"面板底部的"新建文件夹"按钮，在"库"面板中创建一个新的文件夹。

（2）把该文件夹命名为"角色"，如图 3.15 所示。

（3）把吉他和小丑影片剪辑元件拖到角色文件夹中。

（4）单击"角色"文件夹前的三角形按钮，可以收起或展开文件夹，以隐藏或显示文件夹的内容，并保持"库"面板中的文件有序，如图 3.16 所示。

图 3.15 新建"角色"文件夹 　　　图 3.16 显示"角色"文件夹的内容

2. 在"库"面板中编辑元件

（1）在"库"面板中双击"吉他"影片剪辑元件。在元件编辑模式下，可以查看元件的内容，这里查看的是"舞台"上的吉他。注意，顶部的水平条不再处于"场景 1"中，而是处于名为"吉他"的元件内。

（2）双击"图像"进行编辑时，可能会需要多次双击"图组"，以便找到要编辑的单个形状。

（3）编辑结束后，在"舞台"上方的顶部水平条中单击"场景 1"，返回到主"时间轴"中。

"库"面板中的影片剪辑元件反映了所做的修改，"舞台"上的实例也反映了对元件所做的修改。如果编辑元件，"舞台"上的所有元件都会相应地发生改变。

注意：在"库"面板中可以快速、容易地复制元件。选取"库"面板中的元件，右击或按住 Ctrl 键并单击它，然后选择"复制"命令，或从"库"面板右上角的"选项"菜单中选择"复制"命令，在"库"面板中创建所选元件的精确副本。

3. 就地编辑元件

要在"舞台"上其他对象的环境中编辑元件，可以通过在"舞台"上双击一个实例来执行该任务。进入元件编辑模式能够查看其周围的环境，这种编辑模式称为就地编辑模式。

（1）使用"选择"工具，双击"舞台"上的吉他影片剪辑实例，如图 3.17 所示。

图 3.17　选中吉他影片剪辑实例

Flash 将会显示舞台上所有其他的对象，并进入元件编辑模式。顶部的水平条不再处于"场景 1"当中，而是处于名为"吉他"的元件内。

（2）双击"图像"进行编辑时，可能会需要多次双击"图组"，以便找到要编辑的单个形状。

（3）编辑结束后，在"舞台"上方的顶部水平条中单击"场景 1"，返回到主"时间轴"中；也可以只双击"舞台"上该图像外面的任何部分，返回到下一个更高的组级别。

"库"面板中的影片剪辑元件反映了所做的修改，"舞台"上的所有元件都会根据对元件所做的编辑工作而相应地发生改变。

4．分离元件实例

如果不希望"舞台"上的某个对象是一个元件实例，可以使用"分离"命令把它返回到其原始形式。

（1）选取"舞台"上的小丑实例。

（2）选择"修改"→"分离"命令，如图 3.18 所示。

Flash 将会分离小丑影片剪辑实例。留在舞台上的是一个组，也可进一步分离并进行编辑。

（3）再次选择"修改"→"分离"命令，如图 3.19 所示。

图 3.18　分离"舞台"上的小丑实例

图 3.19　将组分离成独立的组件

Flash 将把组分离成它的独立的组件，也就是更小的图像。目前效果如图 3.20 所示。

（4）再次选择"修改"→"分离"命令，如图 3.21 所示，Flash 将图像分离为形状。

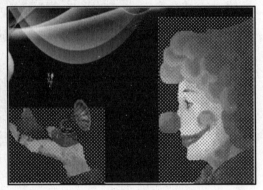

图 3.20 分离后得到更小的图像   图 3.21 Flash 将图像分离成形状

（5）选择"编辑"→"撤销"命令，重复几次将小丑恢复到元件实例。

3.7 更改实例的大小和位置

"舞台"上可以有相同元件的多个实例。接下来，将添加一些音符。

（1）在"时间轴"上新建一个"音符"图层，并导入到"库"面板中。在"时间轴"中选择"音符"图层。

（2）从"库"面板中把音符拖曳到"舞台"上，并将其转化为影片剪辑元件，如图 3.22 所示。

（3）选择"任意变形"工具，在所选的元件实例周围将出现控制句柄，如图 3.23 所示。拖动选区两边的控制句柄可以对元件进行放大、旋转、翻转等操作。

图 3.22 将音符转化为影片剪辑元件   图 3.23 元件实例周围出现控制句柄

（4）在按住 Shift 键的同时拖动选区某个角上的控制句柄，以减小音符的大小。

（5）可以再加入一些乐器丰富画面，如新建"喇叭"图层，将喇叭放入小丑手中。

3.8 使用标尺和辅助线

有时需要更精确地放置元件实例。在第 1 章中，学习了如何在"属性"检查器中使用 X 和 Y 坐标来定位各个对象，也可以使用"对齐"面板使多个对象互相对齐。

在"舞台"上定义对象的另一种方式是使用标尺和辅助线。标尺出现在粘贴板的上边和左边，沿着水平轴和垂直轴提供度量单位；辅助线是出现在"舞台"上的水平线或垂直线，但不会出现在最终发布的影片中。

（1）选择"视图"→"标尺"命令，以像素为单位进行度量的水平标尺和垂直标尺分别出现在粘贴板的上边和左边，在"舞台"上移动对象时，标记线表示边界框在标尺上的位置，如图 3.24 所示。

图 3.24　标尺出现在粘贴板上

（2）单击粘贴板上边或左边的标尺，并拖动一条辅助线到"舞台"上，如图 3.25 所示。"舞台"上将出现彩色线条，可把它用于对齐。

（3）使用"选择"工具双击"辅助线"，出现"移动辅助线"对话框。

（4）输入数值作为辅助线的新像素值，然后单击"确定"按钮，如图 3.26 所示。

图 3.25　拖动"辅助线"到"舞台"上　　　图 3.26　输入辅助线的新像素值

（5）选择"视图"→"贴紧"→"贴紧至辅助线"命令，确保选中"贴紧至辅助线"选项。然后将对象贴紧至"舞台"上的任何辅助线。

（6）拖动"吉他"和"小丑"实例，使得它们对应辅助线调整到恰当的位置。

注意：可选择"视图"→"辅助线"→"锁定辅助线"命令来锁定辅助线，以防止意外移动它们；可以选择"视图"→"辅助线"→"清除辅助线"命令来清除所有的辅助线；可以选择"视图"→"辅助线"→"编辑辅助线"命令来更改辅助线的颜色和贴紧精确度。

3.9 更改实例的色彩效果

"属性"检查器中的"色彩效果"选项允许更改任何实例的多种属性，这些属性包括亮度、色调和 Alpha 值。亮度控制显示实例的暗度和亮度；色调控制总体色彩；Alpha 值控制不透明度，较小的 Alpha 值将减小不透明度，即增加透明度。

1．更改亮度

（1）使用"选择"工具，单击"舞台"上的小丑实例。

（2）在"属性"检查器中，从"色彩效果"选项区域的"样式"下拉列表框中选择"亮度"选项，如图 3.27 所示。

（3）把"亮度"滑块拖到值"-70%"，"舞台"上的小丑实例将会变得更暗，如图 3.28 所示。

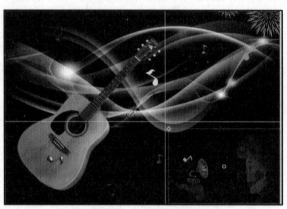

图 3.27　选择"亮度"选项　　　　图 3.28　舞台上的小丑实例变暗

2．更改透明度

（1）在吉他图层选择"吉他"实例。

（2）在"属性"检查器中，从"色彩效果"选项区域的"样式"下拉列表框中选择"Alpha"选项，如图 3.29 所示。

（3）把"Alpha"滑块拖到值"42%"，"舞台"上的吉他图层中的"吉他"将变得更透明，如图 3.30 所示。

要重新设置"舞台"上的影片剪辑实例的"色彩效果"，可以在"样式"下拉列表框中选择"无"。

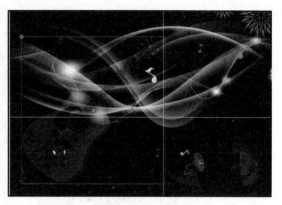

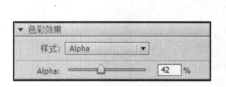

图 3.29　选择"Alpha"选项　　　　图 3.30　"舞台"上的吉他变得更透明

 3.10　了解显示选项

在影片剪辑的"属性"检查器中的"显示"选项区域提供了用于控制实例的可见、混合和呈现的选项。

1. 影片剪辑的可见选项

可见属性决定了对象是否可见。通过选择或者取消选择"属性"检查器中的该选项，可以直接控制"舞台"上的影片剪辑实例的可见属性。

（1）选取"选择"工具。

（2）选择"舞台"上的一个音符影片剪辑实例。

（3）在"属性"检查器中"显示"选项区域的下方，默认选中的是"可见"复选框，这说明此实例是可见的，如图 3.31 所示。

（4）取消选中"可见"复选框，选中的实例将变得不可见，如图 3.32 和图 3.33 所示。

图 3.31　选中"可见"复选框　　　　图 3.32　取消选中"可见"复选框

实例呈现在"舞台"上，可以将它移动到新位置，但是依旧对观众不可见。在影片中，使用"可见"复选框来使实例显示或不显示，而不是将其整个删掉，也可以使用"可见"复选框将其不可见的实例预先放置在"舞台"上，之后再通过 ActionScript 使之可见。

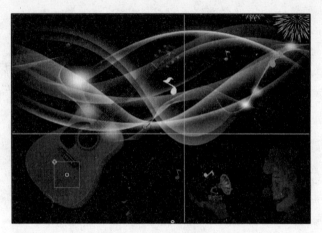

图 3.33　选中的实例变得不可见

2．了解混合效果

混合效果是指一个实例的颜色如何与它下面图层的颜色相互作用。如对小丑图层中的实例应用"变暗"效果，使它与背景图层的实例更深地融为一体。

有许多"混合"选项，其中有一些具有令人惊奇的效果，这依赖于实例中的颜色及它下面图层中的颜色。试验所有的选项，了解它们如何工作。

3．导出为位图

在本章中的吉他是从 Illustrator 导入的包含复杂矢量图形的影片剪辑元件。矢量图形会占用更多的处理器周期，并且影响性能和播放。"呈现"选项中的"导出为位图"可以解决这个问题。"导出为位图"选项将矢量图转换为位图，降低了性能负荷（增加了内存占用）。然而在.fla 文件中，影片剪辑依然保留了可编辑的矢量图形，依旧可以更改图像。

（1）选取"选择"工具。

（2）选择"舞台"上的"吉他"影片剪辑实例。

（3）在"属性"检查器中，在"呈现"下拉列表框中，选择"导出为位图"选项，如图 3.34 所示。吉他影片剪辑实例将会呈现出发布时经过渲染的效果。由于图片的网格化，可看到一些 Illustrator 的"软化"效果。

（4）在"呈现"选项下方的下拉列表框中，选择"透明"选项，如图 3.35 所示。

图 3.34　选择"导出为位图"选项

图 3.35　选择"透明"选项

若选择"透明"选项，影片剪辑元件的背景颜色将呈现为透明；也可以选择"不透明"

选项，为影片剪辑元件选择一个背景颜色。

3.11 应用滤镜以获得特效

滤镜是可以应用于影片剪辑实例的特效。"属性"检查器的"滤镜"区域中提供了多种滤镜，每种滤镜都有不同的选项，可用于美化效果。

1. 应用"模糊"滤镜

对一些实例应用"模糊"滤镜，以给场景提供更好的深度感。

（1）选取"小丑"图层的小丑。

（2）在"属性"检查器中，展开"滤镜"区域。

（3）单击"滤镜"选项区域中的"添加滤镜"按钮，并选择"模糊"选项，如图 3.36 所示。

在"模糊"窗口中将出现"模糊"滤镜，有"模糊 X"和"模糊 Y"两个选项。

（4）如果"模糊 X"和"模糊 Y"尚未链接，可以单击"模糊 X"和"模糊 Y"选项旁边的链接图标，链接两个方向上的模糊效果。

（5）将"模糊 X"和"模糊 Y"的值设置为 2 像素，"舞台"上的实例将会变得模糊。

注意： 最好把"滤镜"的"品质"设置保持为"低"。较高的设置会使处理器紧张，并且可能损害性能，尤其是当应用了多种滤镜时更是如此。

2. 更多的滤镜选项

"滤镜"选项区域右侧的选项，可以帮助管理和应用多种滤镜，如图 3.37 所示。

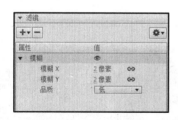

图 3.36　选择滤镜中的"模糊"选项

图 3.37　"滤镜"选项区域右侧选项

"预设"按钮允许保存特定的滤镜及其设置，以便把它应用于另一个实例；"剪贴板"按钮允许复制并粘贴任何所选的滤镜；"启用/禁用滤镜"按钮允许查看已应用或未应用滤镜的实例；"重置滤镜"按钮将把滤镜参数重置为它们的默认值。

3.12 在 3D 空间中定位

有时需要具有在真实的三维空间中定位对象并制作动画的能力，不过，这些对象必须是影片剪辑元件，以便把它们移入 3D 空间中。有两个工具允许在 3D 空间中定位对象："3D 旋转"工具和"3D 平移"工具。"变形"面板也提供了用于定位和旋转的信息。

理解 3D 坐标空间是在 3D 空间中成功地放置对象所必不可少的。Flash 使用 3 个轴来（X轴、Y轴 和 Z轴）划分空间。X轴水平穿越"舞台"，并且左边缘的 X=0；Y轴垂直穿越"舞台"，并且上边缘的 Y=0；Z轴则进出"舞台"平面（朝向或离开观众），并且"舞台"平面上的 Z=0。

1．更改对象的 3D 旋转

向图像中添加一些文本，但是为了增加一点趣味性，可使之倾斜，以便符合透视法则来放置它。

（1）在图层组顶部插入一个新图层，并把它重命名为"文本"，如图 3.38 所示。

（2）从"工具"面板中选择"文本"工具。

（3）在"属性"检查器中，选择"静态文本"工具，并选择一种大号且带有特别色彩的字体，以增加活力。所选字体看起来稍微不同于本章中显示的字体，这取决于计算机上可用的字体。

（4）在"舞台"上单击"文本"图层，在出现的"文本框"中输入标题。

（5）要退出"文本"工具，可选择"选择"工具。

（6）保持文本选中状态，选择"修改"→"转换为元件"（F8 键）命令。

（7）在"转换为元件"对话框中，输入名称为"title"并选择类型为"影片剪辑"，单击"确定"按钮。

（8）选择"3D 旋转"工具。实例上出现了一个圆形的彩色靶子，这是用于 3D 旋转的辅助线，如图 3.39 所示。把这些辅助线视作地球仪上的线条，红色线围绕 X 轴旋转实例；沿着赤道的绿线围绕 Y 轴旋转实例，圆形蓝色辅助线则围绕 Z 轴旋转实例。

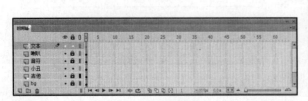

图 3.38　插入新图层

图 3.39　实例上出现了 3D 旋转辅助线

（9）单击其中一条辅助线（红线用于 X 轴，绿线用于 Y 轴，蓝线用于 Z 轴），可在任何一个方向上拖动鼠标，使之在 3D 空间中旋转实例，也可以单击并拖动外部的橙色圆形辅助线，并在 3 个方向上任意旋转实例。

2．更改对象的 3D 位置

除了更改对象在 3D 空间中的旋转方式之外，还可以把它移到 3D 空间中的特定点处，可以使用"3D 平移"工具，把它隐藏在"3D 旋转"工具之下。

（1）选择"3D 平移"工具。

（2）单击"文本"图层。实例上将出现辅助线，这是用于 3D 平移的辅助线。红色辅助线表示 X 轴，绿线表示 Y 轴，蓝线表示 Z 轴。

（3）单击其中一条辅助线，并在任何一个方向上拖动鼠标，在 3D 空间中移动实例。

注意：当在"舞台"周围移动文本时，它仍将保持在透视图内。

 **知识链接**

全局变形与局部变形

在选择"3D 旋转"或"3D 平移"工具时，要了解"工具"面板底部的"全局变形"选项（显示为一个三维立方体）。

当选择"全局变形"选项时，旋转和定位将相对于全局（或"舞台"）坐标系统进行。无论对象如何旋转或移动，3D 视图在固定的位置都显示 3 个轴。注意，3D 视图总是垂直于"舞台"。

当取消选择"全局变形"选项（释放该按钮）时，旋转和定位将相对于对象进行。3D 视图显示了相对于对象（而不是"舞台"）定位的 3 个轴。

3．重置变形

如果在 3D 变形中出错，并且希望重置实例的变形和旋转，可以使用"变形"面板。

（1）选取"选择"工具，并选择要重置的实例。

（2）选择"窗口"→"变形"命令，打开"变形"面板。"变形"面板将显示 X、Y 和 Z 的角度及定位的所有值。

（3）单击"变形"面板右下角的"取消变形"按钮，所选的实例将返回到其原始设置。

4．了解消失点和透视角度

在 2D 平面（如计算机屏幕）上表示的 3D 空间中的对象是利用透视图呈现的，以使它们看上去像现实中一样。正确的透视图取决于许多因素，包括消失点和透视角度，在 Flash 中可以更改它们。

消失点确定透视图的水平平行线会聚于何处，可以想象铁路轨道及当平行铁轨越来越远时它们如何会聚于一点。消失点通常位于视野中心与眼睛水平的位置，因此默认的设置正好在"舞台"的中心。不过，可以更改消失点设置，使之出现在眼睛水平位置的上、下、左、右。

透视角度确定平行线能够多快地会聚于消失点，角度越大，会聚得越快，因此插图会看起来更费力、更扭曲。

（1）在"舞台"上选取已经在 3D 空间中移动或旋转了的对象。

（2）在"属性"检查器中，展开"3D 定位和视图"选项区域。

（3）单击并拖动"消失点"的 X 值和 Y 值，更改消失点，在"舞台"上通过相交的灰线表示。

（4）要将"消失点"重置为默认值（"舞台"的中心），可单击"重置"按钮。

（5）单击并拖动"透视角度"值，更改扭曲程度。角度越大，扭曲越明显，如图 3.40 所示。

图 3.40　修改透明角度值

作业

一、模拟练习

打开 "模拟练习"文件目录，选择"Lesson03"→"Lesson03m.swf"文件进行浏览播放，仿照 Lesson03m.swf 文件，做一个类似的动画。动画资料已完整提供，保存在素材目录"Lesson03/模拟练习"中，或者从 http:// nclass.infoepoch.net 网站上下载相关资源。

二、自主创意

自主设计一个 Flash 动画，应用本章学习的元件的使用、滤镜及标尺等知识。也可以把自己完成的作品上传到课程网站上进行交流。

三、理论题

1. 什么是元件，它与实例之间有什么区别？

2. 可用于创建元件的两种方式是什么？

3. 在导入 Illustrator 文件时，如果选择将图层导入为 Flash 中的图层时，则会发生什么？如果选择将图层导入为关键帧，则又会发生什么？

4. 在 Flash 中怎样更改实例的透明度？

5. 编辑元件的两种方式是什么？

理论题答案：

1. 元件是图形、按钮或影片剪辑，在 Flash 中只需创建一次，就可以在整个文档或其他文档中重复使用它们。所有元件都存储在"库"面板中。实例是位于"舞台"上的元件的副本。

2．创建元件有两种方式：第一种方式是选择"插入"→"新建元件"命令；第二种方式是选中"舞台"上现有的对象，然后选择"修改"→"转换为元件"命令。

3．当把 Illustrator 文件中的图层导入为 Flash 中的图层时，Flash 将识别 Illustrator 文档中的图层，把它们添加到"时间轴"上的单独的帧中，并为它们创建关键帧。

4．实例的透明度是由 Alpha 值确定的。要更改透明度，可以在"属性"检查器中从"色彩效果"选项区域中选择 Alpha，然后更改 Alpha 的百分数。

5．编辑元件的两种方式是：双击"库"面板中的元件进入元件编辑模式；或双击"舞台"上的实例进行编辑。在"舞台"上编辑元件允许查看实例周围的其他对象。

第 4 章
添加动画

本章学习内容：

1. 制作不透明度和特效的动画。
2. 调整动画的播放速度和播放时间。
3. 制作对象位置、缩放和旋转动画。
4. 更改运动的路径。
5. 更改动画的缓动。
6. 在 3D 空间中制作动画。

完成本章的学习需要大约 2 小时，请从素材中将文件夹 Lesson04 复制到你的硬盘中，或从 http://nclass.infoepoch.net 网站下载本课学习内容。

知识点：

由于本书篇幅有限，下面的知识点并非在本章中都有涉及或详细讲解，在本书的学习网站上有详细的学习资料和微视频讲解，欢迎登录学习和下载。

1. 时间轴的基本操作、创建帧对象、编辑帧对象、设置帧属性、播放与定位帧、复制与粘贴帧动画、创建遮罩层、创建与转换引导层。

2. 制作逐帧动画、制作渐变动画、制作补间动画、制作遮罩动画、制作引导动画、帧标签的应用、制作不透明度和特效动画、制作对象位置、缩放和旋转的动画、使用形状提示、自定义缓入/缓出在元件内创建动画。

　　本章是一个展示诗词的动画案例，通过案例的学习掌握使用 Flash　Professional CC 对动画对象进行修改，包括位置、颜色、不透明度、大小、旋转等。本章重点是利用元件实例使用补间动画的方式创建动画，如图 4.1 所示。

图 4.1　补间动画效果

 预览完成的动画并开始制作

　　（1）双击打开 Lesson04/范例文件/Complete04 文件夹的"Complete04.swf"文件，Flash Player 播放器会对 Complete04 动画进行播放，如图 4.1 所示。

　　（2）关闭 Flash Player 预览窗口。

　　（3）可以用 Flash CC 打开源文件进行预览，在 Flash CC 菜单栏中选择"文件"→"打开"命令。

　　选择 Lesson04/范例文件/Complete04 文件夹中的 Complete04.fla 文件，并单击"打开"按钮，或选择菜单栏中的"控制"→"测试影片"→"在 Flash Professional 中"选项，同样可以预览动画效果。

　　（4）打开文件进入制作过程。在"Lesson04/范例文件/Start04"文件夹中有一个名为"Start04.fla"的文件，该文件的"库"面板中包含了动画所需的所有元素，舞台大小为 1280 像素×780 像素，背景颜色为黄色。在 Flash CC 中打开"Start04.fla"文件，选择"视图"→"缩放比率"→"符合窗口大小"命令，此时可以看到计算机屏幕上的整个舞台。选择"文件"→"另存为"命令，将文件命名为"Demo04.fla"，并保存在"Start04"文件夹中。

知识链接

动画的基本概念

动画是指物体通过时间的变化而运动或更改，动画可以简单也可以复杂。

Flash 支持以下类型的动画。

（1）补间动画。补间动画为舞台上的位置、尺寸、颜色或其他属性的改变创建动画。设置两个关键帧，第一个关键帧保存初始状态，第二个关键帧保存变化之后的状态，中间的过渡帧由 Flash 自动补齐。

补间动画要求使用元件实例。如果选择的对象不是一个元件实例时，Flash 会自动询问并选择"转换为元件"命令。Flash 会自动把补间动画隔离在自己的图层之上，这些图层称为补间图层。每个图层只能有一个补间动画，不可以有其他任何元素。补间图层允许随着时间的推移在不同的关键帧修改实例的各种属性。

（2）传统补间。传统补间与补间动画类似，但是创建起来更复杂。传统补间允许有一些特定的动画效果。

（3）反向运动姿势。反向运动姿势用于舒展和弯曲形状对象及链接元件实例组，使它们以自然的方式一起移动。在第 5 章将专门介绍使用反向运动姿势制作案例的知识。

（4）补间形状。在形状补间中，可在时间轴中的特定帧绘制一个形状，然后修改该形状或在另一个特定帧绘制另一个形状，最后，Flash 将内插中间的帧的中间形状，创建一个形状变形为另一个形状的动画。

（5）逐帧动画。为时间轴中的每个帧指定不同的作品。使用此技术可创建与快速连续播放的影片类似的效果。对于复杂的动画而言，此技术非常有用。

在 Flash 中，动画的基本流程如下。

先选中"舞台"上的对象，然后右击对应帧，在弹出的快捷菜单中选择"创建补间动画"命令，移动红色播放头到不同的时间点，设置对象的新属性，Flash 自动在播放头位置形成一个属性关键帧。

4.2 制作不透明度的动画

首先从背景图片的动画制作开始这个项目，背景图片将由不透明渐变为完全透明，并创建平滑的淡入效果。

（1）创建一个新图层 1，并将它命名为 "background"，如图 4.2 所示。

图 4.2 新图层 1 命名为 "background"

（2）从"库"面板中把名为"背景"的图片拖曳到舞台上，如图 4.3 所示。

（3）在"属性"面板中，将 X 的值和 Y 的值分别设置为"0"。

（4）右击或按住 Ctrl 键并单击背景图片，在弹出的快捷菜单中选择"创建补间动画"选项，如图 4.4 所示，也可以选中"背景"图片，在菜单栏中，选择"插入"→"创建补间动画"命令。

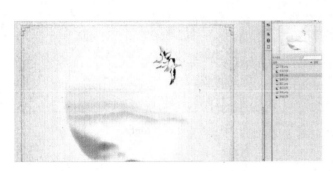

图4.3　"背景"图片拖曳到舞台上　　　　图4.4　选择"创建补间动画"选项

（5）将出现一个对话框，警告所选的对象不是一个元件，补间动画需要元件。Flash 将询问是否想把所选的内容转化为元件，以便开始对实例制作动画，如图 4.5 所示。通过图层名称前面的特殊图标来区分"补间"图层上的绘制对象。

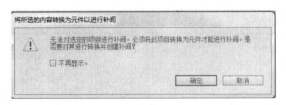

图4.5　警告对话框

（6）单击"确定"按钮补间末端会出现双箭头，使之向右移动至 250 帧，如图 4.6 所示。

（7）把红色播放头放在"background"的第 1 帧，如图 4.7 所示。

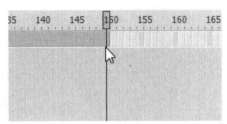

图4.6　补间末端出现双箭头　　　　图4.7　确定第 1 个关键帧

（8）选取"舞台"上的背景元件实例，在"属性"检查器中，选择"色彩效果"选项区域中的"样式"下拉列表框中的"Alpha"选项，如图 4.8 所示。

（9）把"Alpha"的值设置为"0%"，如图 4.9 所示。"舞台"上的背景元件实例将会变成完全透明。

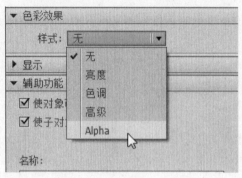

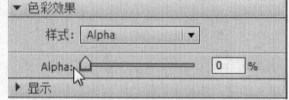

图 4.8　选择"Alpha"选项　　　　　　图 4.9　设置"Alpha"的值为"0%"

（10）把红色播放头放在"background"的第 35 帧，插入关键帧。把红色播放头移至补间动画的第 2 个关键帧（第 35 帧），如图 4.10 所示。

（11）选取"舞台"上的背景元件实例，在"属性"检查器中，将"Alpha"值设置为"100%"，如图 4.11 所示。"舞台"上的背景元件实例将变成完全不透明。

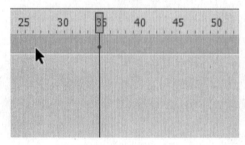

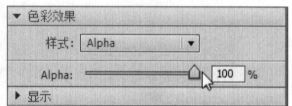

图 4.10　确定第 2 个关键帧　　　　　图 4.11　设置"Alpha"值为"100%"

（12）选择"控制"→"播放"（按 Enter 键）命令，预览效果。Flash 中的"背景"图片的透明度将会在两个关键帧之间发生变化。

改变播放速度和播放时间

可以通过在"时间轴"上单击并拖动关键帧，更改整个补间的持续时间，或者更改动画的播放时间。

1．更改动画持续时间

如果想让动画缓慢地进行，播放较长的时间，就需要延长开始关键帧与结束关键帧之间的整个补间动画长度；如果想缩短动画，就需要减小补间动画长度。可以通过在"时间轴"上拖动补间范围的起始帧和结束帧来延长或缩短补间动画。

（1）把光标移到补间末端附近，当光标变成双箭头的时候，表示可以延长或者缩短补间范围。

（2）单击补间范围的末尾，并向前拖动至第 180 帧，因此现在"背景"元件实例的移动时间要短些，如图 4.12 所示。

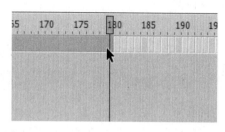

图 4.12　"背景"元件实例的移动时间变短

2．添加帧

若希望补间动画的最后一个关键帧坚持到动画的整个持续时间，需要添加一些帧，使得动画持续的时间变长。可以通过按住 Shift 键并拖动补间范围的末尾来添加帧。

（1）把光标移到补间范围的末尾附近。

（2）按住 Shift 键，单击补间范围的末尾并向前拖动至第 200 帧。补间动画中的最后一个关键帧将保持在第 35 帧，但是将额外的帧添加到第 200 帧，如图 4.13 所示。

注意：可以选择"插入"→"时间轴"→"帧"命令（F5 键），添加单独帧；也可以选择"编辑"→"时间轴"→"删除帧"命令（Shift+F5 组合键），删除单独的帧。

3．移动关键帧

如果希望改变动画的播放速度，可以选择单独的关键帧，单击并拖动这个关键帧到最新的位置。

（1）单击第 35 帧的关键帧，若有一个小方框出现在光标附近，则表示可以移动关键帧。

（2）单击并拖动关键帧将其移至第 40 帧，如图 4.14 所示。因此背景元件实例的动画将更缓慢地进行。

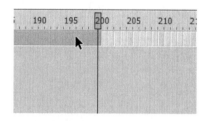

图 4.13　添加帧

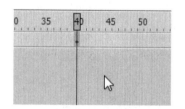

图 4.14　关键帧移至第 40 帧

4.4　制作滤镜动画

滤镜可以给实例添加特效，如模糊、发光和投影等，也可以用来制作动画。接下来将通过对莲花应用模糊滤镜，使得其看起来好像是若隐若现直至完全清晰。制作滤镜的动画与制作位置中的变化或色彩效果中的变化的动画相同，只需要在一个关键帧中为滤镜设置值，并在另一个关键帧中为滤镜设置不同的值，Flash 会自动创建平滑的过渡。

（1）在"background"图层上新建一个图层，命名为"flower"。

（2）锁定"时间轴"上的 background 图层，以防不小心对其进行改动。

（3）在"flower"图层的第 60 帧插入关键帧，将"库"面板中的命名为"莲花"的图片拖到"舞台"中间，对其创建补间动画。

（4）将莲花元件实例的"Alpha"值设置为"0%"，可以单击"舞台"中心来选取透明的实例。

（5）在"属性"检查器中，展开"滤镜"选项区域。

（6）单击"滤镜"选项区域中的"添加滤镜"按钮，并选择"模糊"命令，这将对实例应用"模糊"滤镜，如图 4.15 所示。

（7）在"属性"检查器中的"滤镜"选项区域中，链接 X 和 Y 的属性（🔗），使 X 方向和 Y 方向的"模糊"值相等。把"模糊 X"和"模糊 Y"的值都设为 8 像素，如图 4.16 所示。

图 4.15 应用"模糊"滤镜　　　　图 4.16 设置 X 方向和 Y 方向的"模糊"值

（8）把红色播放头移过整个"时间轴"以预览动画，如图 4.17 所示。在整个补间动画中对莲花实例应用了 8 像素的"模糊"滤镜。

图 4.17 预览动画效果

（9）将莲花元件实例的"Alpha"值设置为 0%，可以单击"舞台"中心来选取透明的实例。

（10）将红色播放头放在第 100 帧，添加关键帧，选择位置。将莲花实例的"Alpha"值设置为"100%"。

（11）展开莲花实例的"模糊"滤镜，将"模糊 X"和"模糊 Y"的值都设置为 3 像素。

（12）将红色播放头放在第 120 帧，添加关键帧，在"属性"检查器中，展开莲花实例的"模糊"滤镜，将"模糊 X"和"模糊 Y"的值都设置为 0 像素。Flash 将从模糊的实例到清晰的实例之间创建平滑的过渡。

 ## 4.5　制作变形的动画

现在将介绍如何将制作缩放比率或旋转中的变化的动画，可以使用"任意变形"工具或使用"变形"面板执行这些类型的更改。这里将用其改变莲花的大小，莲花开始比较小，然后慢慢盛开变大。

（1）选择"flower"图层的第 60 帧。

（2）选择"任意变形"工具。在"舞台"上的实例周围将出现变形句柄，如图 4.18 所示。

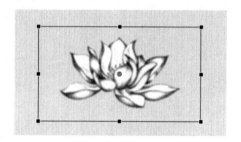

图 4.18　"舞台"上的实例周围出现变形句柄

（3）在按住 Shift 键的同时，单击并向内拖动一个角的句柄，使莲花等比例缩小。

（4）在"属性"检查器中，将宽度值和高度值锁定在一起（ ），确保莲花的高度为 22 像素。

（5）此外，也可以使用"变形"面板（选择"窗口"→"变形"命令）把莲花的缩放比率更改为"10%"。

Flash 将从第 60 帧到第 100 帧对缩放比率的变化进行补间，也会对第 60 帧到第 100 帧的透明度进行补间。

 ## 4.6　缓动

缓动是指补间动画进行的方式。从基本的意义上说，可以把它视作加速或者减速。从"舞台"上的一边移到另一边或者进行缩放的时候可以缓慢开始，然后加速，再突然停止，或者快速开始，缓慢结束。关键帧表示出了动画的开始和结束的位置，缓动则决定了对象怎样从一个关键帧到达下一个关键帧。

可以在"属性"检查器中为一个补间动画应用缓动。缓动变化值的范围是"–100～100"。负值表示从起点进行更为平缓的改变[称为缓入（ease-in）]，正值表示在终点进行更为平缓的改变[称为缓出（ease-out）]。

1．拆分补间动画

缓动会影响整个补间动画。如果让缓动只影响补间动画的一部分，则需要拆分补间动画。"flower"图层的补间动画，到第 200 帧结束，也就是"时间轴"的最后才结束。但是，莲花元件实例的实际缩放运动从第 60 帧开始，第 120 帧结束，需要拆分这个补间动画，这样才可以在第 60 帧～第 120 帧的补间中应用缓动。

（1）在"flower"图层中，选择第 121 帧，也就是莲花元件实例停止缩放运动的下一帧，如图 4.19 所示。

（2）用鼠标右键单击第 121 帧并选择"拆分动画"选项，如图 4.20 所示。

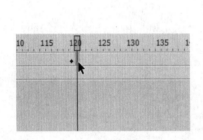

图 4.19　选择"flower"图层中第 121 帧　　图 4.20　选择"拆分动画"选项

（3）Flash 将把补间动画拆分成两个独立的补间范围。第一个补间的末尾对应了第二个补间的开始，如图 4.21 所示。

2．设置补间动画的缓动

对盛开的莲花的"补间动画"应用缓动使它有种缓缓而开的感觉。

（1）在"flower"图层中，选择第一个补间动画的第 1 个关键帧和第 2 个关键帧之间（第 60 帧～第 100 帧）的任意 1 帧，如图 4.22 所示。

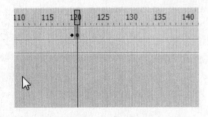
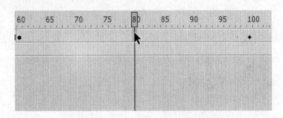

图 4.21　补间动画拆分成两个独立的补间范围　　图 4.22　选择第 1 个和第 2 个关键帧间任意一帧

（2）在"属性"检查器中，输入缓动值为"-50"，如图 4.23 所示。Flash 将对补间动画应用缓动。

（3）选中"时间轴"底部的"循环播放"选项，并将前后标记移动到第 60 帧和第 100 帧处，如图 4.24 所示。

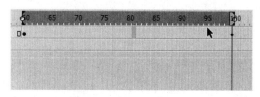

图 4.23　输入缓动值为"-50"　　　　图 4.24　前后标记移动到第 60 帧和第 100 帧处

（4）单击"播放"按钮（或按 Enter 键）来播放影片。Flash 将在"时间轴"的第 60 帧～第 100 帧循环播放，以便观察到莲花元件实例的缓入效果。

（5）播放后，单击"时间轴"底部的"循环播放"按钮，然后单击循环播放轴，结束循环播放。

 ## 4.7　制作 3D 运动的动画

添加一个诗名，并在三维动画中制作。3D 中的动画制作引入了 Z 轴，增加了额外复杂性。在选择"3D 旋转"或"3D 平移"工具时，需要了解"工具"面板底部的"全局转换"选项。"全局转换"选项将在全局选项（按下按钮）与局部选项（松开按钮）之间切换。在启用全局选项的情况下移动一个对象将使转换相对于全局坐标系进行，而在启用局部选项的情况下移动一个对象将使转换相对于它自身进行。

（1）在图层顶部新建一个新图层，并命名为"title"。

（2）锁定所有的其他图层。

（3）在第 120 帧插入一个关键帧。

（4）在"库"面板中把名为"诗名元件"的影片剪辑元件拖到"舞台"左侧。

（5）用鼠标右键单击"诗名元件"实例，在弹出的快捷菜单中选择"创建补间动画"选项。Flash 将把当前图层转换为"补间"图层，以便制作实例的动画。

（6）选择"3D 旋转"工具。

（7）在"工具"面板底部取消"全局转换"选项。

（8）单击并拖动"诗名元件"实例，绕着 Y 轴（绿色的轴）旋转，使得元件看上去消失，如图 4.25 所示。

（9）选中第 165 帧，插入关键帧。

（10）选择"3D 旋转"工具。

（11）单击并拖动"诗名元件"绕着 Y 轴旋转，使其舒展开来，如图 4.26 所示。

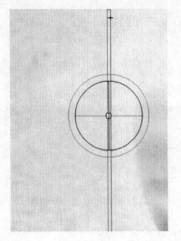

图 4.25　"诗名元件"实例绕着 Y 轴旋转

图 4.26　"诗名元件"舒展开

更改运动路径

1．可移动运动的路径，使运动位置发生平缓的移动

（1）在图层顶部新建图层并命名为"text"。

（2）选中第 150 帧，插入关键帧。

（3）把"库"面板中命名为"文本元件"的影片剪辑元件拖到"舞台"外右侧，如图 4.27 所示。

（4）用鼠标右键单击文本元件，在弹出的快捷菜单中选择"创建补间动画"。Flash 将把当前图层转换为"补间"图层，以便制作实例的动画。

（5）选中第 175 帧，插入关键帧。

（6）将"文本元件"拖到"舞台"内右侧，如图 4.28 所示。

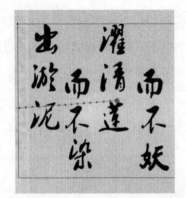

图 4.27　把"文本元件"拖到舞台外右侧

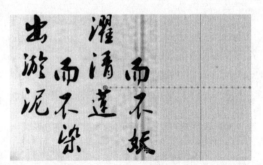

图 4.28　把"文本元件"拖到舞台内右侧

（7）选中第 150 帧，将其透明度"Alpha"值设置为"0%"。

（8）选中第 175 帧，将其透明度"Alpha"值设置为"100%"。

2．更改路径的缩放比率或旋转

可以使用"任意变形"工具操纵运动路径，具体操作步骤如下。

（1）选取运动路径。

（2）选择"任意变形"工具。在运动路径周围会出现变形句柄，根据需要缩放或旋转运动的路径，可以使路径变小、变大或者旋转。

3．编辑运动的路径

使对象进行弯曲可以使用锚点句柄和贝塞尔工具编辑路径，或使用"选择"工具直接在路径上单击并拖动使其弯曲的方式编辑路径。

（1）选择"转换锚点"工具，它隐藏在"钢笔"工具之下，如图 4.29 所示。

（2）在"舞台"上单击运动路径的起点和终点，并从锚点拖出控制句柄，如图 4.30 所示。锚点上的句柄将控制路径的曲度。

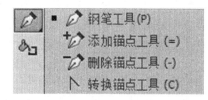

图 4.29　选择"转换锚点工具"选项

图 4.30　从锚点拖出控制句柄

（3）选取"部分选择"工具。

（4）单击并拖动句柄，编辑路径的曲线。由于在案例中不需要改变路径，因此在历史记录中删除这一操作。

4．使对象调整到路径

有时，对沿着路径进行的对象定位很重要。"属性"检查器中的"调整到路径"复选框提供了这个作用。

（1）选择"时间轴"上的补间动画。

（2）在"属性"检查器中，选中"调整到路径"复选框，如图 4.31 所示。Flash 将为沿着补间动画所进行的旋转插入关键帧。

图 4.31　选中"调整到路径"复选框

 4.9　预览动画

可以通过在"时间轴"上来回拖动红色播放头，或者按 Enter 键，或者选择"控制"→

"播放"命令来快速预览动画。也可以选择单击窗口下方的播放键来预览动画，如图 4.32 所示。

图 4.32　播放和倒转按钮

如果想预览动画或者预览影片剪辑元件内任何嵌套的动画，可以测试影片。

选择"控制"→"预测影片"→"在 Flash Professional 中"命令（Ctrl+Enter 组合键），Flash 将导出一个 SWF 文件，存储在与 FLA 文件相同的位置。该 SWF 文件是将嵌入在 HTML 页面中的经过压缩的、最终的 Flash 媒体。Flash 将自动创建一个与"舞台"尺寸完全相同的新窗口，在此新窗口中显示 SWF 文件并播放动画。

要退出"测试影片"模式，直接单击"关闭"按钮。

知识链接

应用动画预设

动画预设是预配置的补间动画，可以将它应用于舞台上的对象，只需要选择对象并单击"动画预设"面板中的"应用"按钮。使用动画预设是学习 Flash 中添加动画的基础知识的快捷方法。一旦了解了预设的工作方式后，制作动画就非常容易了。

使用"动画预设"面板还可以导入和导出预设。可以与协作人员共享预设，或使用有 Flash 设计社区共享的预设。使用预设可极大地节约项目设计和开发的时间，特别是在经常相似类型的补间时。

动画预设只能包含补间动画；传统补间不能保存为动画预设。

作业

一、模拟练习

打开素材"模拟练习"文件目录，选择"Lesson04 /模拟文件/Lesson04m.swf"文件进行浏览播放，仿照"Lesson04m.swf"文件，制作一个类似的动画。动画资料已完整提供，保存在素材目录"Lesson04/模拟练习/作品素材"中，相关资源也可以登录该书课程网站 http://nclass.infoepoch.net 获取。

二、自主创意

自主设计一个 Flash 案例，应用本章所学的制作位置动画、缩放和旋转动画、制作不透明度和特效的案例动画、制作变形动画等知识。也可以把自己完成的作品上传到课程网站上进行交流。

三、理论题

1. 补间动画可以改变哪些类型的属性？
2. 什么是属性关键帧，怎么创建？
3. 怎样编辑运动的路径？

理论题答案：

1. 补间动画可以改变颜色属性（包括不透明度、色调、亮度、高级属性）、坐标、大小、角度，还可以改变滤镜中的参数。

2. 属性关键帧是指关键帧中的对象仍然是前一个关键帧中的内容，只是属性发生了变化。创建的方法是在一个关键帧里创建完对象以后右击，在弹出的快捷菜单中选择"创建补间动画"命令，当时间轴的背景变成淡蓝色以后，用手拖动"舞台"上的小球，直接拖动到指定位置。这时会发现时间轴最后一帧有一个黑色小菱形出现，说明已经创建完属性关键帧。

3. 可以使用贝塞尔工具编辑路径，也可以使用"选择"工具，直接在路径上单击并拖动使其弯曲的方式编辑路径。

第 5 章
制作形状的动画和使用遮罩

本章学习内容：

1. 利用补间形状制作形状的动画。
2. 使用形状提示美化补间形状。
3. 补间形状的渐变填充。
4. 使用绘图纸外观轮廓。
5. 对补间形状应用擦除。
6. 创建和使用遮罩。
7. 理解遮罩的边界。
8. 制作遮罩和被遮罩图层的动画。

完成本章的学习需要2~3小时，请从素材中将文件夹Lesson05复制到你的硬盘中。

知识点：

由于本书篇幅有限，下面的知识点并非在本章中都有涉及或详细讲解，在本书的学习网站（http://nclass.infoepoch.net）上有详细的学习资料和微视频讲解，欢迎登录学习和下载。

1. 断开图层和遮罩层的链接、创建补间形状、补间形状动画、使用形状提示。

2. 建立包含不同形状的关键帧、创建循环动画、制作颜色动画、缓动补间形状、使用绘图纸外观。

　　本章是一个制作火炬燃烧的动画案例，使用补间形状，可以轻松地创建变形——创建形状的有机变化。遮罩提供了一种选择性地显示部分图层的方式。两者结合，可以给动画增加更复杂的效果，如图 5.1 所示。

图 5.1　火炬燃烧的动画效果

 5.1 预览完成的动画并开始制作

　　（1）双击打开 Lesson05/范例文件/Complete05 文件夹的"complete05.swf"文件，Flash Player 播放器会对 Complete05 动画进行播放，动画效果是一个闪烁不定的火焰。火焰形状不停地变换，同时在火焰中的径向渐变填充也在不停地改变。在本章中，将为火焰和文字中移动的颜色制作动画，如图 5.2 所示。

　　（2）关闭 Flash Player 预览窗口。

　　（3）可以用 Flash CC 打开源文件进行预览，在 Flash CC 菜单栏中选择"文件"→"打开"命令，再选择 Lesson05/范例文件/Complete05 文件夹中的"complete05.fla"文件，并单击"打开"按钮。选择菜单栏中的"控制"→"测试影片"→"在 flash professional 中"命令同样可以预览动画效果。

　　（4）打开文件进入制作过程。在"Lesson05/范例文件/Start05"文件夹中有一个名为"start05.fla"的文件，在 Flash CC 中打开"start05.fla"文件，此时可以看到舞台上已经有了一些布置好的元素火炬、文字等。

　　选择"文件"→"另存为"命令，将文件命名为"demo05.fla"，并保存在"Start04"文件夹。

图 5.2　预览 complet05 动画效果

5.2　制作形状动画

　　在前几章的学习中，介绍了如何使用元件实例创建动画，使用动作、缩放、旋转、颜色效果或滤镜来给元件实例制作动画，但不能为真正的图像轮廓制作动画。例如，使用补间动画创建一个起伏不定的海面或一条蛇的滑行动作都是非常困难的。为了做得更形象，必须使用补间形状。

　　补间形状是一种在关键帧之间为笔触和填充进行插值的技术。补间形状使一个形状平滑地变成另一个形状成为可能。任何需要形状的笔触或填充发生改变的动画，如云、水和火焰的动画，都可以使用补间形状。

　　由于补间形状仅能够应用在图形上，因此不能使用组、元件实例或位图。

5.3　理解开始文件

　　开始文件"start05.fla"包含已经完成和放置在不同图层中的大部分图形，如图 5.3 所示，"text"图层在最上面，包含文字"火炬之光"。"torch"图层包含"火焰"，"glow"图层包含了一个用来提供柔和光线的"径向渐变"。这个文件是静态的，需要给它添加动画。库中没有资源。

5.4　创建补间形状

　　一个补间形状至少需要同一图层里的两个关键帧。起始关键帧包含使用 Flash 画图工具所画的或从 Illustrator 导入的形状，结束关键帧也包含了一个形状。补间形状在起始关键帧和结束关键帧之间插入平滑的动画。

图 5.3　"start05.fla"文件包含的各个图层

1．建立包含不同形状的关键帧

创建火焰动画，具体操作步骤如下。

（1）选择第 40 帧处 4 个图层，如图 5.4 所示。

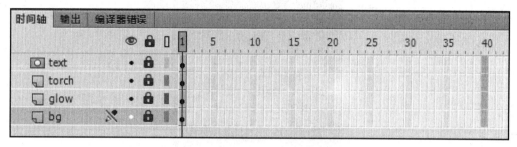

图 5.4　选择第 40 帧处 4 个图层

（2）选择"插入"→"时间轴"→"帧"命令（F5 键）。Flash 将在第 4 个图层的第 40 帧处插入帧，如图 5.5 所示。

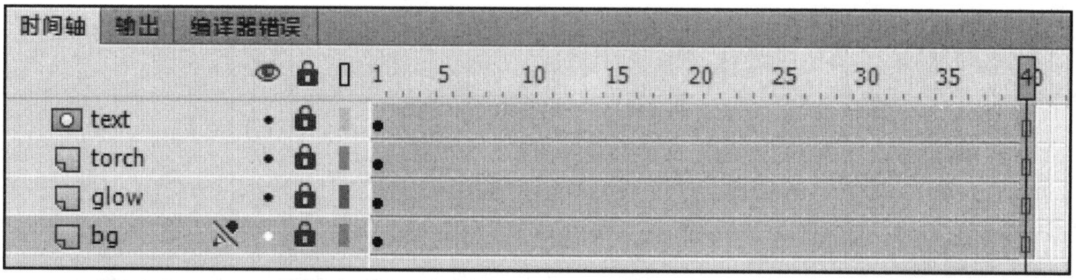

图 5.5　插入帧

（3）锁定"text"图层、"bg"图层和"glow"图层，以防意外选中它们或移动这些图层中的图形。

（4）右击或按住 Ctrl 键单击"torch"图层的第 40 帧，在弹出的快捷菜单中选择"插入关键帧"选项，或选择"插入"→"时间轴"→"关键帧"命令（F6 键），如图 5.6 所示。

此时，"torch"图层中有两个关键帧：第 1 帧的起始关键帧和第 40 帧的结束关键帧。

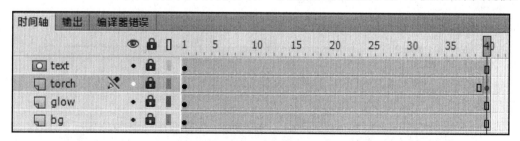

图 5.6　在第 40 帧处插入关键帧

（5）将红色播放头移动到第 40 帧处。接下来，将改变结束关键帧中火焰的形状。

（6）解锁"torch"图层，选取"选择"工具。

（7）单击并拖曳火焰的轮廓来使火焰更细一些，如图 5.7 所示。

现在起始关键帧和结束关键帧包含了不同的形状——起始关键帧中的粗火焰和结束关键帧中的细火焰。

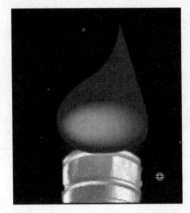

图 5.7　拖曳火焰轮廓使火焰更细一些

2．应用补间形状

接下来在关键帧之间应用补间形状来创建平滑的过渡。

（1）单击起始关键帧和结束关键帧之间的任意一帧。

（2）右击或按住 Ctrl 键单击，在弹出的快捷菜单中选择"创建补间形状"命令，也可在菜单栏中选择"插入"→"补间形状"命令，如图 5.8 所示。

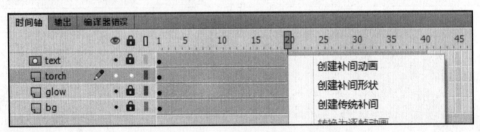

图 5.8　选择"创建补间形状"命令

Flash 将在两个关键帧之间应用补间形状，用黑色箭头表示，如图 5.9 所示。

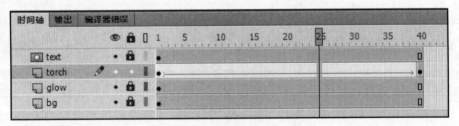

图 5.9　应用补间形状

（3）选择"控制"→"播放"命令，或通过单击"时间轴"底部的"播放"按钮来观看动画。

注意：如果火焰没有按设计的那样变形，不要担心，关键帧之间小的改变将会有更好的效果。火焰或许会在第一个和第二个形状之间旋转。在本章的后面部分将会使用形状提示改善补间形状。

Flash 将在 "torch" 图层的关键帧之间创建平滑的动画，将第一个火焰变形为第二个火焰，如图 5.10 所示。

3. 混合样式

在 "属性" 检查器中，可以通过在 "补间" 选项区域中选择 "混合" 右侧下拉列表框中的 "分布式" 或 "角形" 选项来更改补间形状，如图 5.11 所示。这两个选项决定了 Flash 将如何在两个关键帧之间插值以改变形状。

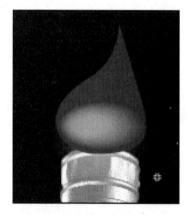

图 5.10 火焰过渡动画效果

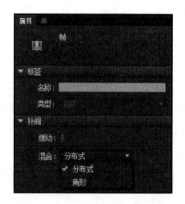

图 5.11 更改补间形状的选项

通常默认为 "分布式" 选项，在大多数情况下使用该选项可以创建更加平滑的中间形状动画。

如果形状包含许多点和直线，可以选择 "角形" 选项。Flash 将尝试在中间形状中保留明显的角形。

 5.5 ## 改变步速

补间形状的关键帧可以很容易地在 "时间轴" 上移动，从而改变动画的时间或步速。

在第 40 帧的播放过程中，火焰缓慢地从一个形状变换成另一个形状。如果希望火焰更快地改变形状，需要把关键帧移得更近一些。

（1）选择 "torch" 图层的最后一个关键帧的形状补间，如图 5.12 所示。

（2）选择并将关键帧拖曳到第 6 帧，如图 5.13 所示。补间形状变得更短一些了。

（3）通过选择 "控制" → "播放" 命令，或单击 "时间轴" 底部的 "播放" 按钮来观看影片。火焰快速晃动，然后保持静止一直到第 40 帧。

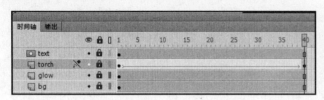

图 5.12　选择关键帧的形状补间

图 5.13　关键帧拖曳到第 6 帧

5.6　增加更多的补间形状

可以通过增加更多的关键帧来添加补间形状，每个补间形状只需要两个关键帧来定义起始状态和结束状态。

1. 插入额外的关键帧

使火焰像真正的火焰那样不停地改变形状，需增加更多的关键帧并在所有关键帧之间应用补间形状。

（1）右击或按住 Ctrl 键单击"torch"图层的第 17 帧，在弹出的快捷菜单中选择"插入关键帧"命令，或选择"插入"→"时间轴"→"关键帧"命令（F6 键）。

Flash 将在第 17 帧插入一个新的关键帧，并将前一个关键帧中的内容复制到该关键帧中，如图 5.14 所示。

图 5.14　复制前一个关键帧的内容到第 17 帧

（2）右击或按住 Ctrl 键单击"torch"图层的第 22 帧，在弹出的快捷菜单中选择"插入关键帧"命令，或选择"插入"→"时间轴"→"关键帧"命令。

Flash 将在第 22 帧插入一个新关键帧，并将前一个关键帧中的内容复制到该关键帧中，如图 5.15 所示。

图 5.15　复制前一个关键帧的内容到第 22 帧

（3）在第 27、第 33 和第 40 帧插入关键帧，如图 5.16 所示。

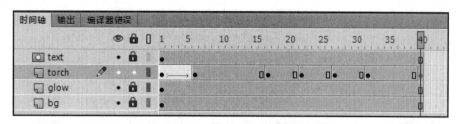

图 5.16　在第 27、第 33 和第 40 帧插入关键帧

"torch"图层的"时间轴"上现在有 7 个关键帧，第 1 个和第 2 个关键帧之间有补间形状。

注意：可以通过先选中一个关键帧，然后按住 Alt 键单击并拖曳该关键帧到新位置来快速复制关键帧。

（4）移动红色播放头到第 17 帧，如图 5.17 所示。

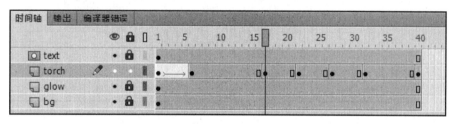

图 5.17　移动红色播放头到第 17 帧

（5）选取"选择"工具。

（6）单击补间形状外以取消选择。单击并拖动火焰的边缘来创建另一个形状变化。可以使底部更细一些，或改变尖部的轮廓来使它向右或向左倾斜，如图 5.18 所示。

（7）改变每个新关键帧中火焰的形状来创建微小的变化，如图 5.19 所示。

图 5.18　拖动火焰的边缘创建另一个形状

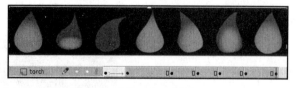

图 5.19　火焰形状变化效果

2. 延长补间形状

延长补间形状可以使火焰从一个形状变形到下一个形状。

（1）单击第 2 个和第 3 个关键帧之间的任意一帧。

（2）右击或按住 Ctrl 键单击，在弹出的快捷菜单中选择"创建补间形状"命令，或在菜单栏中选择"插入"→"补间形状"命令，如图 5.20 所示。

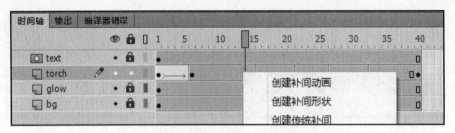

图 5.20 选择"创建补间形状"命令

Flash 将在两个关键帧之间应用"补间形状",以黑色箭头表示,如图 5.21 所示。

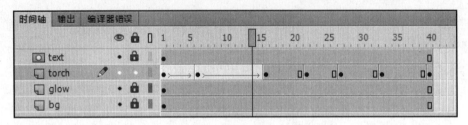

图 5.21 应用"补间形状"

（3）在所有关键帧之间插入补间形状。在"torch"图层中会有 6 个补间形状,如图 5.22 所示。

图 5.22 "torch"图层中的 6 个补间形状

（4）选择"控制"→"播放"命令,或单击"时间轴"底部的"播放"按钮来播放火焰动画,如图 5.23 所示。

图 5.23 播放火焰动画

火焰将在播放动画期间来回闪烁。如果要对火焰有很大改动,火焰将有可能在关键帧之间发生一些奇怪的变形，如毫无征兆的蹦跳或旋转。在本章的后面部分，将介绍用"形状提示"来改善动画。

 知识链接

残缺的补间

　　每个补间形状都需要一个起始关键帧和一个结束关键帧。如果结束关键帧丢失了，Flash 将会把残缺的补间表示为黑点虚线（而不是实箭头），如图 5.24 所示。

　　插入一个关键帧来修复补间，步骤与新建一个关键帧类似。

图 5.24　残缺的补间表示为黑点虚线

 5.7　创建循环动画

　　只要火焰存在，火焰就要持续地来回晃动。可以通过将第 1 个和最后 1 个关键帧设置为相同的，并将火焰放入影片剪辑元件中来创建无缝循环。第 4 章已经介绍过了，影片剪辑元件将不断循环，并且独立于主"时间轴"。

1．复制关键帧

　　通过复制其内容来使第 1 个关键帧和最后 1 个关键帧相同。

　　（1）右击或按住 Ctrl 键单击"torch"图层的第 1 个关键帧，在弹出的快捷菜单中选择"复制帧"命令，或在菜单栏中选择"编辑"→"时间轴"→"复制帧"命令，如图 5.25 所示。

图 5.25　复制关键帧

　　Flash 将把第 1 个关键帧的内容复制到剪贴板中。

　　（2）右击或按住 Ctrl 键单击"torch"图层的最后 1 个关键帧，选择"粘贴帧"命令，或在菜单栏中选择"编辑"→"时间轴"→"粘贴帧"命令，如图 5.26 所示。

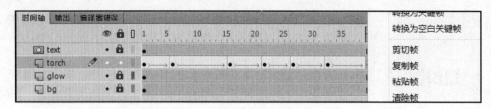

图 5.26　粘贴关键帧

Flash 将会把第 1 个关键帧中的内容复制到最后 1 个关键帧中。现在第 1 个关键帧和最后 1 个关键帧含有相同的火焰形状。

注意：可以通过先选中 1 个关键帧，然后按住 Alt 键单击并拖曳该关键帧到新位置来快速复制关键帧。

2．预览循环

（1）单击"时间轴"底部的"循环播放"按钮或选择"控制"→"循环播放"命令，如图 5.27 所示。当"循环播放"按钮按下时，播放头到达"时间轴"的最后 1 帧后将回到第 1 帧继续播放。

（2）扩大标记来包括"时间轴"上的所有帧（第 1 帧~第 40 帧），或单击"更改标记"按钮并选择"标记所有范围"选项，如图 5.28 所示。

图 5.27　选择"循环播放"命令

图 5.28　选择"标记所有范围"选项

标记决定了循环播放时被播放帧的范围，如图 5.29 所示。

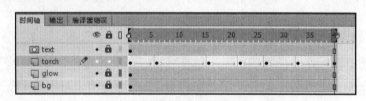

图 5.29　循环播放时被播放帧的范围

（3）单击"播放"按钮，或选择"控制"→"播放"命令。

火焰动画将不断循环播放。单击"暂停"按钮，或按 Enter 键或 Return 键停止播放。

3．将动画插入影片剪辑

当动画在影片剪辑元件中时，这个动画将会自动循环播放。

（1）选中"torch"图层中的所有帧，右击或按住 Ctrl 键单击，在弹出的快捷菜单中选择"剪切帧"命令，如图 5.30 所示。

（2）选择"插入"→"新建元件"命令（Command/Ctrl+F8 键），出现"创建新元件"对话框。

（3）输入元件名为"torch"，选择类型为"影片剪辑"，单击"确定"按钮，如图 5.31 所示。

图 5.30　选择"剪切帧"命令　　　　图 5.31　"创建新元件"对话框

Flash 将会创建一个新的影片剪辑元件，并进入新元件的元件编辑模式。

（4）右击或按住 Ctrl 键单击影片剪辑时间轴的"第 1 帧"，在弹出的快捷菜单中选择"粘贴帧"命令，也可以选择"编辑"→"时间轴"→"粘贴帧"命令，主"时间轴"中的火焰动画将被粘贴到影片剪辑元件的时间轴中，如图 5.32 所示。

（5）单击"舞台"上方的"编辑栏"中的"Scene1"按钮，或选择"编辑"→"编辑文档"命令（Command 键或 Ctrl+E 组合键）。

（6）选择当前为空的"torch"图层，将新创建的"torch"影片剪辑元件从"库"面板中拖到"舞台"上。一个"torch"影片剪辑元件实例就出现在"舞台"上，如图 5.33 所示。

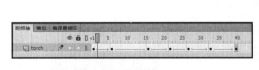

图 5.32　粘贴帧　　　　图 5.33　"torch"影片剪辑元件拖到"舞台"上

（7）选择"控制"→"测试影片"→"在 Flash Professional 中"命令（Command+Enter 组合键）。Flash 将在新窗口中输出 SWF 文件，以便在其中预览动画。火焰将在一个无缝的循环中不停晃动。

 ## 5.8　使用形状提示

Flash 会为关键帧之间的补间形状创建平滑的变形，有时候结果是不可预料的，形状有可能发生奇怪的弯曲、弹跳或旋转。但大多数情况下不希望有这种变化，而是希望保持对变形的控制，使用形状提示可以帮助改善形状的变化过程。

形状提示强制 Flash 将起始形状和结束形状的对应点一一映射。通过放置多个形状提示，可对补间形状的变化有更加精确地控制。

1. 增加形状提示

现在可为火焰增加形状提示以更改它从一个形状到另外一个形状的变形过程。

（1）双击"库"面板中的"torch"影片剪辑元件以进入元件编辑模式。在"torch"图层中选择补间形状的第 1 个关键帧，如图 5.34 所示。

图 5.34　选择补间形状的第 1 个关键帧

（2）选择"修改"→"形状"→"添加形状提示"命令（Command+Shift 组合键或 Ctrl+Shift+H 组合键）。一个内含字母"a"的红圈出现在"舞台"上。红圈字母代表第一个形状提示，如图 5.35 所示。

（3）选取"选择"工具，并选中"贴紧至对象"选项保证对象在移动或修改时会互相紧贴。

（4）将第一个形状提示红圈字母"a"拖曳到火焰的顶端，如图 5.36 所示。

图 5.35　第一个形状提示红圈字母"a"出现　　　　图 5.36　将红圈字母"a"拖曳到火焰顶端

注意：应该将形状提示放置在形状的轮廓上。

（5）再次选择"修改"→"形状"→"添加形状提示"命令以增加第二个形状提示。一个红圈字母"b"出现在"舞台"上，如图 5.37 所示。

（6）将第二个形状提示红圈字母"b"拖曳至火焰的底部，如图 5.38 所示。

第 1 个关键帧已经有两个形状提示映射了形状上不同的两个点。

图 5.37　第二个形状提示红圈字母"b"出现　　　图 5.38　将红圈字母"b"拖曳到火焰底部

（7）选择"torch"图层的第二个关键帧（第 6 帧）。对应的形状提示红圈字母"b"出现在"舞台"上，而形状提示红圈字母"a"则正好被挡在下面，如图 5.39 所示。

（8）将第 2 个关键帧中的红圈字母拖曳到形状提示的对应点上。将红圈字母"a"放置在火焰的顶端，红圈字母"b"放置在火焰的底部。

注意：可以为一个补间形状最多添加 26 个形状提示。为了获得更好的效果，要将它们按顺时针或逆时针顺序放置。

形状提示变成绿色时，表示已正确地放置了形状提示，如图 5.40 所示。

图 5.39　红圈字母"a"被红圈字母"b"挡住　　　图 5.40　正确放置了形状提示

（9）选择第 1 个关键帧。

这时初始形状提示变成了黄色，表示它们已经被正确放置，如图 5.41 所示。

（10）在第一个补间形状上来回拖曳播放头来观察形状提示对于补间形状的效果。

形状提示强制把第 1 个关键帧的火焰顶部映射到第 2 个关键帧的火焰顶部，对于底部也是如此，变形将被这种映射所限制。

为证明形状提示的作用，可以故意创造一些补间形状。在结束关键帧中，将形状提示"b"放置在顶部而将形状提示"a"放置在底部，如图 5.42 所示。

Flash 将强制把火焰的顶端变形为火焰的底部，Flash 为了变形使最后效果变成了蹦跳动作。做完实验之后将形状提示"a"和形状提示"b"放回顶端和底部。

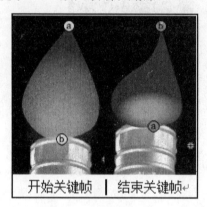

图 5.41　第 1 个关键帧的形状提示被正确放置　图 5.42　结束关键帧中形状提示"a"和"b"互换

2．删除形状提示

如果添加了过多的形状提示，也可以删掉那些不需要的提示，但在一个关键帧中删除形状提示将会导致另一个关键帧中对应形状提示也被删除。删除的方法如下。

（1）将一个独立的形状提示从"舞台"和"粘贴板"上完全移出。

（2）选择"修改"→"形状"→"删除所有提示"命令来删除所有的形状提示。

只有补间形状的关键帧的内容会被完全呈现，其他的帧只会显示轮廓线。要想看到所有的帧都被完全呈现，需要单击"绘图纸外观轮廓"图标。

 知识链接

使用绘图纸外观轮廓预览动画

一次性地查看形状从一个关键帧变为另一个关键帧了解形状是如何渐变的，可以对动画做出更精确的调整，也可以通过使用"时间轴"底部的"绘图纸外观轮廓"图标来完成这一功能，如图 5.43 所示。

"绘图纸外观轮廓"显示了当前选中帧之前和之后的帧的内容。

"绘图纸外观轮廓"也称为"洋葱皮模式"，来源于传统的手工动画，那时动画还需要画在薄薄的、半透明的、被称为洋葱皮的纸上，当创作一个动作序列时，动画师会将画纸拿在手上来回翻看，这使他们能够看到绘画是如何平滑地连接在一起的。

使用"绘图纸外观轮廓"图标来打开所需要的帧，拖曳起始和结束标记来选择想显示的帧的范围，也可以在"修改"标记菜单中选择"预设标记"选项，如图 5.43 所示。

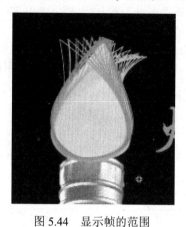

图 5.43　"绘图纸外观轮廓"图标　　　　图 5.44　显示帧的范围

5.9　制作颜色动画

补间形状会为形状的所有方面插值，这表示一个形状的笔触和填充也可以被补间。目前为止，已经修改了笔触，也就是火焰的轮廓。接下来将修改填充使颜色可以逐一改变——在动画的某个时间点让火焰变得更亮。

使用"渐变变形"工具来改变形状的颜色渐变，并使用"颜色"面板来更改渐变中使用的颜色。

（1）如果不在"torch"元件的元件编辑模式中，可双击"库"面板中的"torch"影片元件来编辑，或进入元件编辑模式。

（2）选择"torch"图层的第 2 个关键帧（第 6 帧）。

（3）在"工具"面板中选择"渐变变形"工具，它和"任意变形"工具组合在一起，如图 5.45 所示。

"渐变变形"工具的控制点出现在火焰的渐变填充上。各个控制点可以延伸、旋转并移动渐变填充的中心点。

（4）使用控制点将渐变颜色缩小至火焰的底部。让渐变更宽一点，并放置得更低一些，然后将渐变的中心点移至另一边，如图 5.46 所示。

图 5.45　"渐变变形"工具和"任意变形"工具组合　　　图 5.46　渐变颜色缩小到火焰底部

（5）将播放头在第 1 个关键帧和第 2 个关键帧之间移动。补间形状将会和轮廓一样自动生成火焰颜色的动画。

（6）选择"torch"图层的第 3 个关键帧（第 17 帧），如图 5.47 所示。在这一帧中，可调整渐变的颜色。

（7）选取"选择"工具，选中"舞台"上火焰的"填充"图层。

（8）打开"颜色"面板（选择"窗口"→"颜色"选项），将出现"颜色"面板，显示选中填充的渐变颜色，如图 5.48 所示。

图 5.47　选择第 3 个关键帧　　　　　图 5.48　"颜色"面板

（9）单击黄色的内部颜色标记。

（10）将颜色更改为桃红色（#F109EE）。渐变的中心颜色将变为桃红色，如图 5.49 所示。

（11）将播放头在第 2 个和第 3 个关键帧之间移动，如图 5.50 所示。

图 5.49　中心颜色变为桃红色　　　图 5.50　播放头在第 2 个和第 3 个关键帧之间移动

（12）形状补间自动为中心的颜色渐变制作由黄色变桃红色的动画。选用其他的关键帧来实验可以为火焰添加各种有趣的效果。

5.10 创建和使用遮罩

遮罩是一种选择性地隐藏和不显示图层内容的方法。遮罩可以控制观众可以看到的内容。例如，可以制作一个圆形遮罩，让观众只能看到圆形区域内的内容，以此来获得钥匙孔或聚光灯的效果。在 Flash 中，遮罩所在的图层要放置在需要被遮罩的内容所在图层的上面。

对本章中所创建的火焰动画，可为其添加遮罩来使文字看起来更有趣。

1. 定义遮罩图层

从"text"文本创建遮罩，显示一个火焰图像下面的内容。

注意：Flash 不会识别"时间轴"上遮罩的不同的"Alpha"值，所以对于遮罩图层，半透明填充和不透明填充的效果是一样的，而边界将总是保持实心。然而，使用 ActionScript 可以动态地创建允许透明度改变的遮罩。

遮罩不会识别笔触，所以在遮罩层中只需要使用填充。从"文本工具"中创建的文本也可以作为遮罩使用。

（1）返回到主"时间轴"上。解锁"text"图层。双击"text"图层名称前面的图标，或选中"text"图层，在弹出的快捷菜单中选择"修改"→"时间轴"→"图层属性"命令，将出现"图层属性"对话框，如图 5.51 所示，会看见图层已经显示的是遮罩层。

（2）选中"类型"选项区域中的"遮罩层"单选按钮，单击"确定"按钮，如图 5.52 所示。

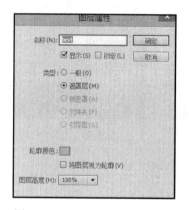

图 5.51 "图层属性"对话框

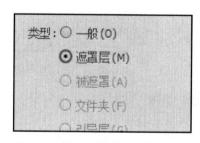

图 5.52 选中"遮罩层"单选按钮

"text"图层将变为"遮罩"图层，用图层前面的遮罩图标表示，这个图层的任何内容都会被当作下方"被遮罩"图层的遮罩，如图 5.53 所示。

在这一章中，使用已有的文本作为遮罩，遮罩可以是任意的填充形状。填充的颜色无关紧要，对于 Flash 来说，重要的是形状的大小、位置和轮廓。这个形状相当于看向下面图层的"窥视孔",可以使用任意图像或文本来创建遮罩的填充。

2. 创建被遮罩图层

被遮罩图层总是在遮罩图层的下面。

（1）单击"新建图层"按钮，或选择"插入"→"时间轴"→"图层"命令，将出现一个新的图层。

（2）把新图层命名为"torch effect"，如图 5.54 所示。

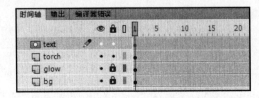

图 5.53 "text"图层将变为"遮罩"图层

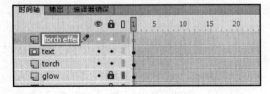

图 5.54 新图层"torch effect"

（3）将"torch effect"图层拖曳至遮罩图层的下面，它将被缩进，如图 5.55 所示。

注意：可以双击遮罩层下面的正常图层或选择"修改"→"时间轴"→"图层属性"命令，在弹出的"图层属性"对话框中选中"被遮罩"单选按钮将图层修改为"被遮罩"图层。

（4）选择"文件"→"导入"→"导入到舞台"命令，并在"Start05"文件夹中选择"fire.jpg"文件。

火焰位图将出现在"舞台"上，文字在图像的上面，如图 5.56 所示。

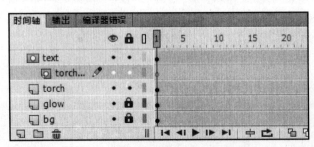

图 5.55 "torch effect"图层被缩进

图 5.56 文字出现在图像上

3. 查看"遮罩"效果

（1）单击"text"图层和"torch effect"图层的"锁定"图标，如图 5.57 所示。

现在"遮罩"和"被遮罩"图层都被锁定了。"遮罩"图层的字幕显示了"被遮罩"图层的部分图像，如图 5.58 所示。

图 5.57 锁定"遮罩"和"被遮罩"图层　　　　图 5.58 字幕显示了"被遮罩"图层的部分图像

（2）选择"选择"→"测试影片"→"在 Flash Professional 中"选项。当火焰在文本上方闪烁时，字幕显示了其下方图层的火焰纹理。

注意：一个"遮罩"图层可以有多个"被遮罩"图层。

 ## 知识链接

传统遮罩

"遮罩"图层显示而不是遮盖住"被遮罩"的图层，这或许会违反直觉，然而，这正是传统摄影或绘画作品中所使用的传统遮罩方式。当一个画家使用遮罩时，遮罩保护了下方的绘画，避免其被油漆飞溅。所以想象一个遮罩为保护下方"被遮罩"图层的物体可以更有效地记住哪些区域被隐藏，哪些区域被显示了。

 ## 5.11 制作遮罩和被遮罩图层的动画

创建了火焰在后面的"遮罩"图层之后，所制作的动画字幕更具有观赏性了。

可以在"遮罩"图层添加动画，使遮罩移动或扩张来显示"被遮罩"图层的不同部分。可以选择在"被遮罩"图层制作动画，使遮罩下面的内容移动，出现景色在火车车窗外掠过的效果。

为了使动画更引人入胜，需要给"被遮罩"图层添加一个补间形状。这个补间形状将使光线在文字下面从左到右平滑移动。

（1）将"text"图层和"torch effect"图层解锁。"遮罩"和"被遮罩"图层的效果不再可见，但是它们的内容依然可以编辑。

（2）在"torch effect"图层，删除火焰的图片。

（3）选择"矩形"工具，打开"颜色"面板（选择"窗口"→"颜色"命令）。

（4）在颜色面板中，选择线性渐变填充。

（5）创建一种渐变色：左端和右端都为红色（#FF0000），中间为黄色（#FFFC00），如图 5.59 所示。

（6）在"torch effect"图层创建一个矩形，使其处于"text"图层的文字上面，如图 5.60 所示。

图 5.59　创建一种渐变色　　　　　　图 5.60　创建一个矩形

（7）选择"渐变变形"工具，并单击矩形的"填充"图标。"渐变变形"工具的控制句柄出现在矩形周围，如图 5.61 所示。

（8）移动渐变的中心点，让黄色出现在"舞台"左边比较远的位置，如图 5.62 所示。黄色的光将会从左边开始移动到右边。

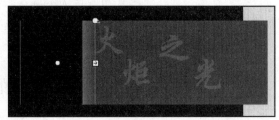

图 5.61　矩形周围出现控制句柄　　　　图 5.62　渐变中心点移到舞台左边

（9）右击或按住 Ctrl 键单击"torch effect"图层的第 20 帧，在弹出的快捷菜单中选择"插入关键帧"命令，也可以选择"插入"→"时间轴"→"关键帧"命令（F6 键），如图 5.63 所示。

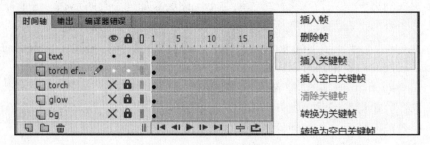

图 5.63　选择"插入关键帧"命令

Flash 将在第 20 帧插入 1 个新的关键帧，并将前 1 个关键帧的内容复制到后 1 个关键帧中。

（10）右击或按住 Ctrl 键单击"torch effect"图层的第 40 帧，在弹出的快捷菜单中选择"插入关键帧"命令。也可以选择"插入"→"时间轴"→"关键帧"命令（F6 键），如图 5.64 所示。

Flash 将在第 40 帧插入 1 个新关键帧，并将前 1 个关键帧的内容复制到最后 1 个关键帧中。现在"torch effect"图层已经有 3 个关键帧了。

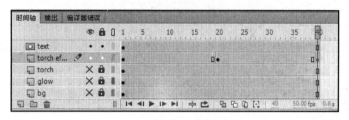

图 5.64　在第 40 帧插入关键帧

（11）将播放头移到最后 1 帧（第 40 帧）。

（12）单击"舞台"上的矩形并选择"渐变变形"工具。"渐变变形"工具的控制句柄将会出现在矩形填充的周围。

（13）移动渐变的中心点，让黄色出现在"舞台"右边比较远的位置，如图 5.65 所示。

图 5.65　渐变的中心点移到"舞台"右边

（14）右击或按住 Ctrl 键单击"时间轴"上的"torch effect"图层中第 2 个和第 3 个关键帧之间的任意位置，在弹出的快捷菜单中选择"创建补间形状"命令，或在菜单栏中选择"插入"→"补间形状"命令。

Flash 将在两个关键帧之间应用补间形状，用黑色箭头表示。黑色渐变也被补间了，所以黄色光线在矩形填充中将会从左移到右，如图 5.66 所示。

（15）选择"控制"→"测试影片"→"在 Flash Professional 中"命令，来观看影片。

当火焰在文字上方燃烧时，柔和的黄色光线照过文字，如图 5.67 所示。

图 5.66　两个关键帧之间应用补间形状

图 5.67　黄色光线照过文字

5.12 缓动补间形状

在第 4 章中已经使用过缓动。对补间形状使用缓动就像对补间动画运用缓动一样，通过给动作加速或减速，缓动能够给动画画面带来质感。

可以通过"属性"检查器给补间形状增加缓动。缓动值范围为"–100（缓入）～100（缓出）"。

接下来将使照过文字的光线一开始比较慢，然后加速通过。缓入效果有助于让观众注意到要发生的动画效果。

（1）单击"torch effect"图层补间形状的任意位置。

（2）在"属性"检查器中，为缓动值输入"100"，如图 5.68 所示。Flash 将给补间形状添加缓入效果。可以给补间形状添加缓入或缓出效果，但不能同时添加两种效果。

图 5.68　输入缓动值

（3）选择"控制"→"测试影片"→"在 Flash Professional 中"命令来测试影片。柔和的黄色光线将从左边开始照射，越来越快，为整个动画增加了更多有趣的效果。

作业

一、模拟练习

打开 "模拟练习"文件目录，选择"Lesson05"→"Lesson05m.swf"文件进行浏览播放，仿照"lesson05m.swf"文件，做一个类似的动画。动画资料已完整提供，保存在素材目录"Lesson05/模拟练习"中，或者从 http:// nclass.infoepoch.net 网站上下载相关资源。

二、自主创意

自主设计一个 Flash 动画，应用本章所学习的使用补间形状制作补间形状的动画，使用形状提示美化补间形状，补间形状的渐变填充，查看绘图纸外观轮廓，对补间形状应用删除，创建和使用遮罩，理解遮罩的边界，制作遮罩和被遮罩图层的动画等知识。也可以把自己完成的作品上传到课程网站上进行交流。

三、理论题

1. 什么是补间形状，怎样使用补间形状？
2. 什么是形状提示，怎样使用它们？
3. 补间形状和补间动画有什么区别？
4. 什么是遮罩，怎样创建遮罩？
5. 怎样观察遮罩效果？

理论题答案：

1. 补间形状在包含不同形状的关键帧之间创建平滑的变形。要应用补间形状，首先在起始和结束关键帧中创建不同的形状。然后选择"时间轴"中两个关键帧之间的任意一点，右击或按住 Ctrl 键单击，在弹出的快捷菜单中选择"创建补间形状"命令。

2. 形状提示是指初始形状和最终形状之间对应点映射的标签。形状提示可以帮助改善形状变形的方式。要使用形状提示，首先选择补间形状的起始关键帧，选择"修改"→"形状"→"添加形状提示"命令，将第一个形状提示移到形状的边缘，然后将播放头移到结束关键帧，并将对应的形状提示移到相应的形状边缘。

3. 补间形状使用形状，而补间动画使用元件实例。补间形状为两个关键帧之间笔触或填充的改变进行平滑的插值。而补间动画为两个关键帧中元件实例的位置、缩放、旋转、颜色效果或滤镜效果进行平滑的插值。

4. 遮罩是选择性地显示或不显示图层内容的一种方法。在 Flash 中，将遮罩放在"遮罩"图层，而将内容放在其下方的"被遮罩"图层。这两个图层内都可以制作动画。

5. 要看到"遮罩"图层和"被遮罩"图层的效果，需要锁定这两个图层，或选择"控制"→"测试影片"→"在 Flash Professional 中"命令来测试影片。

第 6 章
创建交互式导航

本章学习内容：

1. 创建按钮元件。
2. 复制按钮元件。
3. 交换元件与位图。
4. 命名按钮实例。
5. 编写 ActionScript 3.0，以便创建非线性导航。
6. 使用编译器错误面板发现代码的错误。
7. 使用"代码片断"面板快速添加交互性。
8. 创建并使用关键帧标签。
9. 创建动画式按钮。

完成本章的学习需要大约 3 小时,请从素材中将文件夹 Lesson06 复制到你的硬盘中。

知识点：

由于本书篇幅有限，下面知识点并非在本章中都有涉及或详细讲解，在本书的学习网站上（http:// nclass.infoepoch.net）有详细的微视频讲解，欢迎登录学习和下载。

1. AS3 "代码片断"窗口、为图形实例设置循环、获取舞台上的实例的信息、使用关键帧上的标签、使用 ActionScript 控制实例和元件、使用行为控制实例。

2. 创建过渡动画、添加和配置行为、创建自定义行为、动画式按钮、注释 ActionScript 脚本、设置 ActionScript 脚本、在不同的位置编辑脚本、编写基本 ActionScript 脚本、ActionScript 控制影片播放。

本章范例介绍

本章是一个铜管乐器介绍的交互式动画，用户通过单击每一种铜管乐器，动态地进行文字解释和相应乐器的声音播放。本案例的学习目的是让用户使用按钮元件和 ActionScript 创建出令人着迷的、用户驱动式的交互式体验，如图 6.1 所示。

图 6.1　铜管乐器介绍交互式动画效果

 预览完成的动画并开始制作

正式操作前，先来查看本章将要在 Flash 中学习制作的交互式铜管乐器。

（1）双击 Lesson06/范例文件/Complete06 文件夹中的 complete06.swf 文件，以播放动画，如图 6.1 所示。

这个项目是一个虚拟演唱会的交互式乐器介绍。用户可以单击任意一个按钮来查看关于某个乐器的相关信息。在本章中，将要创建交互式按钮，并正确地组织"时间轴"，以及学习编写 ActionScript 脚本语言以了解每个按钮的作用。

（2）关闭 complete06. swf 文件。

（3）双击 Lesson06/范例文件/Start06 文件夹中的"Start06.fla"文件，在 Flash 中打开该文件，出现如图 6.2 所示的界面。该文件包含"库"面板中的所有资源，并且已经正确地设置了"舞台"的大小。

图 6.2　铜管乐器介绍的界面

注意： 如果计算机中不包括 FLA 文件中所有的字体，Flash 会出现警告对话框来选择替代字体；只需简单地单击"使用默认"设置，Flash 就会自动使用替代字体。

（4）选择菜单栏中的"文件"→"另存为"命令，把文件名命名为"demo06.fla"，并保存在 Start06 文件夹中。保存工作副本，可以确保在重新设计时，可使用原始的初始文件。

关于交互式影片

交互式影片基于观众的动作而改变，例如，当浏览者单击按钮时，将会出现带有更多信息的不同图形。交互可以很简单，如单击按钮；也可以很复杂，以便接收多个输入，如鼠标的移动、键盘上的按键或是移动设备上的数据。

在 Flash 中，可使用 ActionScript 实现大多数的交互操作。ActionScript 可在用户单击按钮时，指示按钮的动作。ActionScript 可基于用户单击的按钮，引导 Flash 播放头在时间轴的不同帧之间跳转。时间轴上不同的帧包含不同的内容，浏览者在单击舞台上的按钮时，可以看到或听到不同的内容。

创建按钮

按钮是一种元件，有四种特殊状态（或关键帧）用于确定按钮的显示形态。按钮能够非常直观地指示用户与什么交互。用户一般单击按钮进行交互，也可以通过双击、鼠标指针经过等事件触发。

1. 创建按钮元件

首先简单了解一下按钮的 4 种形态。

"弹起"：显示当光标还未与按钮交互时的按钮外观。

"指针经过"：显示当鼠标指针悬停在按钮上时按钮外观。

"按下"：显示按钮被单击的外观。

"点击"：显示按钮的可单击区域。

在学习本章内容的过程中，将会了解这些状态和按钮外观之间的关系。

（1）在"库"面板中创建文件夹，命名为"乐器按钮"。

（2）选择"插入"→"新建元件"命令。

（3）在"创建新元件"对话框中，"类型"选择"按钮"，并把文件命名为"圆号按钮"，如图 6.3 所示。单击"确定"按钮，将按钮移至"乐器按钮"文件夹。

（4）双击创建的"圆号按钮"文件，进入新建元件的编辑界面。

（5）在"库"面板中，展开名为"新元件"的文件夹，把图形元件"圆号"拖到"舞台"中间，如图 6.4 所示。

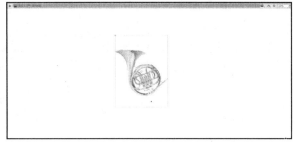

图 6.3　"创建新元件"对话框　　　　图 6.4　"圆号"拖到舞台中间

（6）在"属性"检查器中把 X、Y 值均设为"0"。"圆号"图像左上角将与元件中心点对齐。

（7）在"时间轴"上选中"点击"帧，再选择"插入"→"时间轴"→"帧"命令扩展时间轴。"圆号按钮"元件将出现"弹起"、"指针经过"、"按下"和"点击"四种状态，如图 6.5 所示。

（8）插入一个新的图层。

（9）选中"指针经过"帧，再选择"插入"→"时间轴"→"关键帧"命令；或选中"指针经过"帧并按下 F6 键，如图 6.6 所示。

（10）在"库"面板中，展开"获取更多框/基础元件"文件夹，并把名为"圆号"的影片剪辑元件添加到"舞台"上，调整至合适大小，如图 6.7 所示。

（11）在"属性"检查器中，调整 X、Y 的值分别为"31.40"、"22.55"，此时，当鼠标经过"按钮"时，在"圆号按钮"上都会显示圆号的"获取更多"信息框。

（12）在当前时间轴最上方插入新图层，并在"按下"帧处添加关键帧，如图 6.8 所示。

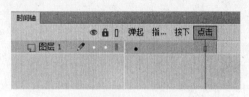

图 6.5 "圆号按钮"元件出现四种形态

图 6.6 选中"指针经过"帧

图 6.7 "圆号"剪辑元件添加到"舞台"上

图 6.8 在"按下"帧处添加关键帧

（13）从"库"面板音效文件夹中把"圆号.WAV"的声音文件添加到舞台上，如图 6.9 所示。

（14）选择其中显示有声音形式的"按下"关键帧，在"属性"面板中确保"同步"设置为"事件"，如图 6.10 所示。这样当按下按钮时才会出现声音。

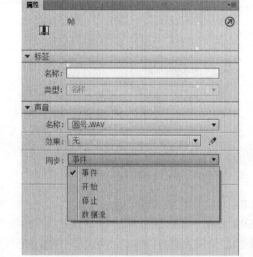

图 6.9 添加"圆号 WAV"的声音文件

图 6.10 "同步"设置为"事件"

（15）单击"舞台"上方的"场景 1"，退出元件编辑模式，返回主"时间轴"。这时，已经成功完成了一个交互式按钮，可以在"库"面板中查看创建的按钮元件，如图 6.11 所示。

2. 直接复制按钮元件

已经创建了一个按钮，其他按钮就更加容易创建了。只需要复制一个按钮，在后面的小节中更改图像和声音，然后继续此操作直至所需按钮制作完毕。

（1）在"库"面板中选中"圆号按钮"元件并右击，在弹出的快捷菜单中选择"直接复制"选项，出现"直接复制元件"对话框，如图 6.12 所示。

图 6.11 查看创建的按钮元件 　　　图 6.12 "直接复制元件"对话框

（2）"类型"选择为"按钮"，并重命名为"大号按钮"，然后单击"确定"按钮，如图 6.13 所示。

3. 交换位图

在"舞台"上替换位图和元件很容易，而且大大提高了制作的工作效率。

（1）在"库"面板中，选择"大号按钮"，双击以进入编辑状态。

（2）选择舞台上的"圆号"图像，在"属性"面板中单击"交换"按钮，弹出"交换元件"对话框，如图 6.14 所示。

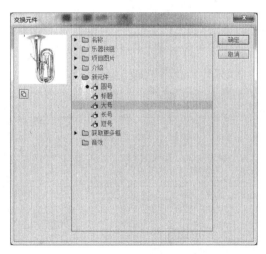

图 6.13 重命名"按钮" 　　　　图 6.14 "交换元件"对话框

（3）选择"大号"的缩略图像，单击"确定"按钮，如图 6.15 所示。

（4）选中"指针经过"关键帧，在"属性"检查器中右击圆号信息"介绍"框，如

图 6.16 所示。

图 6.15　"大号"的缩略图像　　　　　图 6.16　"属性"检查器

（5）在弹出的"菜单栏"中选择"交换元件"选项，与"大号"的元件信息进行交换，在"属性"检查器中，调整 X、Y 的值分别为"34.40"、"−7.45"，如图 6.17 所示。

（6）选择"图层 3"中的 "按下"帧，在"属性"检查器中将"大号按钮"的声音改为"大号.WAV"。

（7）按同样的方法依次制作"短号"按钮和"长号"按钮，如图 6.18 所示。

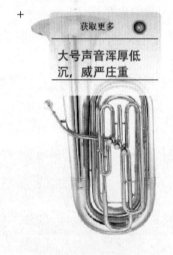

图 6.17　元件信息进行交换　　　　　图 6.18　"按钮"制作完成

4．放置按钮元件

现在需要把之前创建的"按钮"放置在"舞台"上，并在"属性"面板中为其命名，以便使用 ActionScript 3.0 代码控制交互。

（1）在主"时间轴"上插入一个新图层，命名为"按钮"，如图 6.19 所示。

（2）在"库"面板上把创建的"按钮"移动到舞台上，与舞台上的乐器名称相对应，如图 6.20 所示。

图 6.19　插入一个新图层

图 6.20　按钮与乐器名称相对应

（3）依次选择"按钮"，在"属性"面板中设置各个按钮的位置，全部按钮都在"舞台"上正确地定位，也可以根据实际情况自行调整。

现在可以测试影片，看"按钮"如何工作。选择"控制"→"测试影片"→"在 Flash Professional 中"命令。值得注意的是，当鼠标经过仪器上的"按钮"时介绍的信息框是如何显示的，单击"按钮"时声音是如何触发的，如图 6.21 所示。

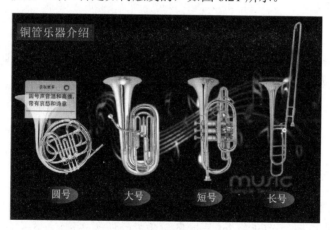

图 6.21　测试影片"按钮"

但是，现在还没有指示"按钮"具体要操作些什么，这要在命名按钮，学习一些关于 ActionScript 的知识后才能进行。

5. 给按钮实例命名

（1）单击"舞台"上的任意空白部分，取消选中的所有按钮，然后选择"圆号按钮"，如图 6.22 所示。

（2）在"属性"面板中的"实例名称"文本框内输入"yhan"，如图 6.23 所示。

（3）将剩下的按钮依次命名为"dahan"、"dhan"、"chan"。

（4）确保都是小写字母，没有空格，并且反复检查是否有拼写错误。

（5）锁定所有的图层。

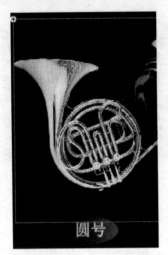

图 6.22　选择"圆号按钮"

图 6.23　命名"实例名称"

 知识链接

实例命名规则

从库中把元件拖到舞台上就是元件的实例，一个元件可以有很多实例。如果要用 ActionScript 3.0 代码对实例进行控制就必须为实例命名。首先选中"实例"，然后在"属性"面板中输入实例的名称。实例名称不同于"库"面板中的元件名称，元件名称是用来在"库"面板中管理组织元件的，实例名称是在代码中使用的。

实例命名遵循以下规则：

（1）除下划线外，不能使用空格和特殊标点符号。

（2）不能以数字开头。

（3）区分大小写。

（4）不能使用 Flash ActionScript 关键字和预留的任何单词。

为每个"按钮"实例命名其实是为了更好的被 ActionScript 3.0 引用，这容易被初学者忽略，但是它确实是至关重要的步骤，一定要牢记。

 了解 ActionScript 3.0

1．ActionScript 3.0 简介

ActionScript 是 Flash Player 运行环境的编程语言，主要应用于 Flash 动画和 Flex 应用的开发。ActionScript 实现了应用程序的交互、数据处理和程序控制等诸多功能。ActionScript 的执行是通过 Flash Player 中的 ActionScript 虚拟机（ActionScript Virtual Machine）实现的。

ActionScript 代码执行时与其他资源及库文件一同编译为 SWF 文件，在 Flash Player 中运行。

简单地说，ActionScript 3.0 动作脚本类似于 JavaScript，可以添加更多交互性的 Flash 动画。本章中，将使用 ActionScript 3.0 给按钮添加动作，学习如何使用 ActionScript 3.0 来控制动画停止的简单任务。对于常见性的任务，可以复制其他 Flash 用户的共享脚本；也可以使用代码片断面板，它提供了一个简单的、直观的方式来增加 ActionScript 3.0 脚本。然而，在使用应用程序的时候，如果想要完成更多的 Flash 作品，就需要了解 ActionScript 3.0 的更多知识。

本章介绍了常用的词汇和语法，引导学习一个简单的脚本。如果是初学者并且热爱此语言，本章可以找一本针对性强的 ActionScript 3.0 的书，进一步地进行学习，这对初学者很有帮助。

2．理解脚本术语

（1）变量

变量（Variable）主要用来保存数据，在程序中起着十分重要的作用，如存储数据、传递数据、比较数据、简练代码、提高模块化程度和增加可移植性等。在使用变量时，首先要声明变量。声明变量时，可以先为变量赋值，也可等到使用变量时再为变量赋值。

（2）关键字

在 ActionScript 3.0 中，不能使用关键字和保留字作为标识符，即不能使用这些关键字和保留字作为变量名、方法名、类名等。"保留字"只能由 ActionScript 3.0 使用，不能在代码中将它们用作标识符。保留字包括"关键字"。如果将关键字用作标识符，则编译器会报告一个错误。例如，var 是一个关键字，用来创建一个变量。在 Flash "帮助"里可以找到完整的关键词列表。因为这些词是保留的，不能将它们作为变量名或其他方式使用。ActionScript 3.0 总是使用它们执行所分配的任务。当进入动作面板中输入 ActionScript 3.0 脚本代码，关键词会变成不同的颜色。用这种方式可以知道某个词是 Flash 保留的。

（3）函数

函数（Function）是执行特定任务并可以在程序中重复使用的代码块。ActionScript 3.0 中包含两类函数："方法"（Method）和"函数闭包"（Function closures）。如果将函数定义为类的一部分或者将其与对象绑定，则该函数称为方法；如果以其他任何方式定义函数，则该函数称为函数闭包。

（4）参数

参数（Argument）为一个特定的命令提供具体信息，即一行代码中的圆括号里的值。例如，在代码"gotoAndPlay（3）;"里，参数"3"是指脚本跳转至第 3 帧。

（5）对象

在 ActionScript 3.0 中，可以把一切都看作对象，函数也不例外。当创建函数时，其实质就是创建了一个对象。与其他对象不同的是，函数对象类型为 Function 类型，该对象不仅作为参数进行传递，还可以有附加的属性和方法。在本章前面创建的按钮元件也是对象，被称为 Button 对象。每个对象被命名后可以利用 ActionScript 3.0 来进行控制。"舞台"上的按钮被称为实例，事实上，实例（Instance）和对象（Object）是同义词。

（6）方法

方法（Method）是导致某动作发生的命令。方法是 ActionScript 3.0 脚本代码里的"行为者"，每类对象都有自己的一套方法集。理解 ActionScript 3.0 需要学习各种对象的方法。例如，一个影片剪辑对象（MovieClip）关联的两种方法是：stop() 和 gotoAndPlay()。

（7）属性

属性（Property）描述一个对象。例如，一个影片剪辑的特性包括它的高度和宽度，X 和 Y 的坐标，以及水平和垂直尺度。许多属性可以被改变，而其他属性只能"读取"，所以它们只是仅仅描述一个对象。

（8）常量

常量是指具有无法改变的固定值的属性。ActionScript 3.0 新加入 const 关键字用来创建常量。在创建常量的同时，需要为常量进行赋值。

（9）注释

注释是一种对代码进行注解的方法，编译器不会把注释识别成代码。注释可以使 ActionScript 程序更容易理解。注释的标记为 "/*……*/" 和 "//。"使用 "/*……*/" 创建多行注释；"//" 只能创建单行注释和尾随注释。

3. 使用适当的脚本语法

如果不熟悉程序代码或脚本编程，ActionScript 脚本代码可能不是那么容易理解。一旦了解了基本的语法（Syntax），即该语言的语法和标点符号，就会发现使用一个脚本语言很容易。

排在最后的分号（Semicolon）告诉 ActionScript，它已经达到了代码行末尾，结束此行转至新的代码行。

和英语一样，每一个左括号必须有相应的右括号组成完整的圆括号（Parenthesis），这同样适用于方括号（Bracket）和花括号（Curly bracket）。如果打开什么，必须关闭它。通常，在 ActionScript 中的花括号将分隔在不同的行上，这使得它更容易阅读和理解。

点（Dot）操作符为 "."，提供了来访问对象的属性和方法的方式。

每当输入一个字符串或文件名，都要使用引号（quotation mark）。

在"动作"面板中输入脚本时，在 ActionScript 中有特定含义的单词，如关键字和词句，会显示为蓝色。不是 ActionScript 中的预留单词，如变量名，会显示为黑色；字符串显示为绿色。而 ActionScript 忽略的注释呈现为灰色。

在"动作"面板中，Flash 检测到输入代码的动作并且显示代码提示。有两种类型的代码提示：工具提示和弹出式菜单，前者包含针对那个动作的完整语法，后者列出了可能的 ActionScript 元素。

6.5　扩充案例的"时间轴"

在实例"06demo.fla"文件中，项目开始只是一个单帧。要在"时间轴"上创建空间来添加更多的内容，需要在所有的图层上增加更多的帧。

（1）解锁图层并选择在顶层的某一帧。在这个实例中，选择第 50 帧，如图 6.24 所示。

图 6.24　选择第 50 帧

（2）选择"插入"→"时间轴"→"帧"命令（按 F5 键），或右击，在弹出的快捷菜单中选择"插入帧"命令，Flash 会在这个图层里添加帧直到选择的帧，这里是第 50 帧，如图 6.25 所示。

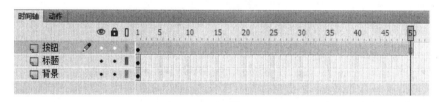

图 6.25　在图层上添加帧

（3）选择另外两个图层的第 50 帧，重复此项操作。现在"时间轴"上的三个图层都有50 个帧，如图 6.26 所示。

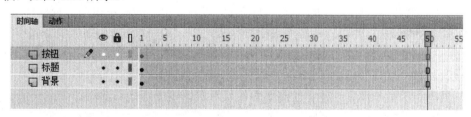

图 6.26　三个图层上都有 50 个帧

 6.6　添加停止动作代码（stop）

"时间轴"上有帧了，影片将会从第 1 帧播放到第 50 帧。然而，本章需要暂停影片在第 1 帧等待用户选择交互按钮，这种交互性需要使用 ActionScript 代码来实现。

（1）选择在顶层插入一个新的图层并命名为"动作"，如图 6.27 所示。

（2）选择"动作"图层第 1 帧，打开"动作"面板（选择"窗口"→"动作"命令）输入"stop();"，在输入代码时要把输入法切换到英文状态，如图 6.28 所示。

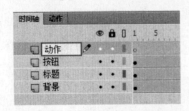

图 6.27　插入一个新图层　　　　　　　　　　图 6.28　输入代码

（3）代码出现在"脚本"窗格中，并且在"动作"图层的第 1 个关键帧中出现一个小"a"，指示它包含一些 ActionScript，如图 6.29 所示。

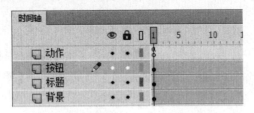

图 6.29　关键帧中出现小"a"

代码"stop();"放在第 1 帧时，案例播放时将会停止在第 1 帧，以等待用户选择交互按钮。

6.7　为案例的按钮创建事件处理程序

Flash 可以检测并且响应在 Flash 环境中发生的事件。Flash 的交互采用的是事件机制，即发生了什么事然后触发什么响应。事件可以由用户发出，如鼠标单击、鼠标经过及键盘上的按键。这些都是事件，这些事件由用户个人产生，也可以由程序执行过程中满足某种条件后发出，是独立于用户发生，如成功加载一份数据或声音完成。利用 ActionScript 还可以编写代码检测事件，并且利用事件处理程序响应它们。

事件处理中的第一步是创建将检测事件的侦听器。侦听器代码如下：

```
wheretolisten.addEventListener(whatevent, responsetoevent);
```

实际的命令是 addEventListener()。其他单词是针对情况的对象和参数的占位符。"wheretolisten"是其中发生事件的对象（如按钮），"whatevent"是特定类型的事件（如鼠标单击），"responsetoevent"是在事件发生时触发函数名称。所以，如果要侦听 button_btn 按钮上的单击事件，并且响应是触发名为"showimage1"的函数，则代码如下：

```
button_btn.addEventListener(MouseEvent.CLICK, showimage1);
```

下一步是创建响应事件函数，在这种情况下，调用的函数名称是 showimage1。该函数简单的把动作组在一起；然后可以引用它的名字触发函数的运行。这个函数如下：

```
function showimage1 (myEvent:MouseEvent){ };
```

函数的名称，像按钮名称一样，可以叫任何有意义的名称。在这个特殊的例子中，函数的名称为"showimage1"。它接收一个名称为"myEvent"的参数（括号内），这是一个鼠标事件。冒号后面显示它是什么类型的对象。如果这个函数被触发，就会执行花括号之间的所有代码。

1. 为案例添加事件侦听器和函数

下面添加 ActionScript 代码，用于侦听每个按钮上的鼠标单击事件。响应将 Flash 跳转到"时间轴"上的特定帧以显示不同的内容。

（1）选择"动作"图层的第 1 帧。

（2）打开"动作"面板。

（3）在"脚本"窗格中第二行开始输入以下代码（图 6.30）：

```
yhan.addEventListener (MouseEvent.CLICK, yh);
```

图 6.30　第二行输入代码

（4）在"脚本"窗格中的下一行，输入以下代码（图 6.31）：

```
Function yh(event:MouseEvent):void {
    gotoAndStop (10);
}
```

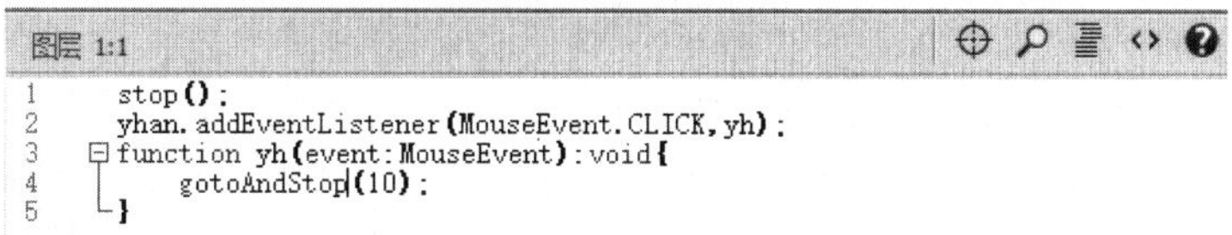

图 6.31　从第三行输入代码

名为 yh 的函数包含转到第 10 帧并停留在那里的指令。这时，就完成了用于名为"yhan"的按钮代码。

（5）在"脚本"的窗格下一行，输入余下 3 个按钮的额外代码。可以复制并粘贴第 2～5 行，简单地更改按钮名称、函数名称（在两个位置）及目标帧。完整脚本如下所示。

```
stop();
yhan.addEventListener(MouseEvent.CLICK,yh);
function yh(event:MouseEvent):void{
    gotoAndStop (10);
}
dahan.addEventListener(MouseEvent.CLICK,dah);
function dah(event:MouseEvent):void{
    gotoAndStop (20);
}
```

```
dhan.addEventListener(MouseEvent.CLICK,dh);
function dh(event:MouseEvent):void{
    gotoAndStop(30);
}
chan.addEventListener(MouseEvent.CLICK,ch);
function ch(event:MouseEvent):void{
    gotoAndStop (40);
}
```

（6）跳转到上一帧命令 prevFrame()。格式：

```
prevFrame()
```

功能：将播放头转到前一帧停止。如果当前帧为第 1 帧，则播放头不移动。无参数。

（7）跳转到下一场景命令 nextScene()。格式：

```
nextScene()
```

 知识链接

1. 鼠标事件

在 ActionScript 3.0 中，统一使用 MouseEvent 类来管理鼠标事件。在使用过程中，无论是按钮还是影片事件，统一使用 addEventListener 注册鼠标事件。此外，若在类中定义鼠标事件，则需要先引入（import）flash.events.MouseEvent 类。

MouseEvent 类定义了 10 种常见的鼠标事件，具体如下。

CLICK：定义鼠标单击事件　DOUBLE_CLICK：定义鼠标双击事件。

MOUSE_DOWN：定义鼠标按下事件。

MOUSE_MOVE：定义鼠标移动事件。

MOUSE_OUT：定义鼠标移出事件。

MOUSE_OVER：定义鼠标移过事件。

MOUSE_UP：定义鼠标提起事件。

MOUSE_WHEEL：定义鼠标滚轴滚动触发事件。

ROLL_OUT：定义鼠标滑入事件。

ROLL_OVER：定义鼠标滑出事件。

2. ActionScript 常用导航命令

（1）停止命令 stop。格式：

```
stop()
```

功能：停止正在播放的动画。此命令没有参数。

（2）播放命令 play。格式：

```
play()
```

功能：当动画被停止播放之后，使用"play"命令使动画继续播放。此命令没有参数。

（3）跳转停止命令 gotoAndStop。格式：

```
gotoAndStop([scene,] frame)
```

功能：将播放头转到场景中指定的帧并停止播放。如果未指定场景，则播放头将转到当前场景中的帧。

（4）跳转到下一帧命令 nextFrame()。格式：

```
nextFrame()
```

功能：将播放头转到下一帧并停止。无参数。

功能：将播放头移到下一场景的第 1 帧并停止。无参数。

2．检查语法和格式化代码

程序代码要求精确，一个细节上的错误都会使得整个项目工程停顿，ActionScript 也不例外。

（1）选择"窗口"→"编译器错误"选项，打开"编译器错误"面板。

（2）Flash 将会对 ActionScript 代码的语法进行检查，Flash 会通知代码有错误或没有错误。如果输入的代码是正确的，结果是"0 个错误，0 个警告"，如图 6.32 所示。

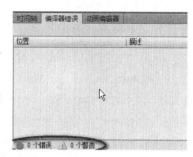

图 6.32　执行代码的结果

6.8 创建目标关键帧

在用户选中案例中"按钮"时，Flash 将根据 ActionScript 编程指令把播放头移动到"时间轴"上指定的地方。下面就来创建目标关键帧，即当选中相应按钮时要移动到的地方。

1．插入具有不同内容的关键帧

将在新图层里创建四个关键帧，并在每个关键帧放置对应的乐器信息。

（1）在"动作"图层的下面插入一个新图层，命名为"标签"，如图 6.33 所示。

（2）选择"标签"图层中的第 10 帧。

（3）在第 10 帧处插入一个新的关键帧（选择"插入"→"时间轴"→"关键帧"命令，或者按 F6 键），如图 6.34 所示。

图 6.33　插入一个新图层

图 6.34　插入一个新的关键帧

（4）分别在第 20、第 30 和第 40 帧处插入新的关键帧。此时，"时间轴"在"标签"图层中有 4 个空白关键帧，如图 6.35 所示。

图 6.35　"标签"图层中的空白关键帧

（5）选中第 10 帧处关键帧。

（6）在"库"面板中找到"介绍"文件夹。把目录下的"圆号"元件移到"舞台"上。这是一个影片剪辑元件，其中包含关于乐器的照片、图形和文本，如图 6.36 所示。

图 6.36　"圆号"元件移到"舞台"上

（7）在"属性"面板中，把 X 值设置为"60"，Y 值设置为"150"，实例名称为"yh_mc"。

（8）在"舞台"上会居中显示关于圆号的乐器信息。

（9）选择第 20 帧处关键帧。在"库"面板中找到"介绍"文件夹。把目录下的"大号"元件移到"舞台"上。这是另一个影片剪辑元件，其中包含关于大号的照片、图形和文本，如图 6.37 所示。

（10）在"属性"面板中，把 X 值设置为"60"，Y 值设置为"150"，实例名称为"dah_mc"。

（11）把"库"面板中"介绍"文件夹中的每个影片剪辑元件都放在"标签"图层中的相应关键帧上。将短号实例名称命名为"dh_mc"，长号实例名称命名为"ch_mc"。

每个关键帧都包含一个关于铜管乐器的不同影片剪辑元件。

图 6.37　"大号"元件移到"舞台"上

2．使用关键帧上的标签

当用户选中交互按钮时，ActionScript 代码告诉 Flash 跳转至不同的帧编号。但是，如果当前编辑的"时间轴"添加或删除几帧，就需要回到 ActionScript 代码中重新改变代码，使帧编号匹配。

为了避免这个问题，有一简单的方法是使用帧标签代替固定帧编号。帧标签是给关键帧命名。即使把时间轴上的关键帧进行了改动，标签仍然保持与它们名称对应的关键帧不变。在 ActionScript 中使用帧标签，必须用引号。命令 gotoAndStop（"Label1"）使播放头跳转至标签为 Label1 关键帧上。

（1）在"标签"图层中选中第 10 帧。

（2）在"属性"面板"标签名称"文本框中输入"label1"，如图 6.38 所示。

图 6.38　输入标签名称

（3）在"标签"图层选中第 20 帧。

（4）在"属性"面板"标签名称"文本框中输入"label2"。

（5）依次选择第 30 帧和第 40 帧，然后在"属性"面板的"标签名称"文本框中分别输入"label3"和"label4"。在具有标签的每个关键帧上方将会出现小旗帜图标，如图 6.39 所示。

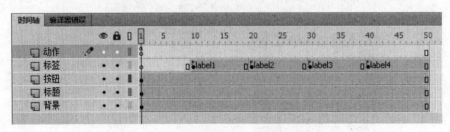

图 6.39 使用帧标签后出现旗帜图标

（6）选择"动作"图层中的第 1 帧，并打开"动作"面板。

（7）在 ActionScript 代码中，将每个 gotoAndStop()命令中所有固定的帧编号都改为对应的帧标签，如图 6.40 所示。

```
1    stop();
2    yhan. addEventListener(MouseEvent.CLICK, yh);
3    function yh(event:MouseEvent):void{
4        gotoAndStop("label1");
5    }
6    dahan. addEventListener(MouseEvent.CLICK, dah);
7    function dah(event:MouseEvent):void{
8        gotoAndStop("label2");
9    }
10   dhan. addEventListener(MouseEvent.CLICK, dh);
11   function dh(event:MouseEvent):void{
12       gotoAndStop("label3");
13   }
14   chan. addEventListener(MouseEvent.CLICK, ch);
15   function ch(event:MouseEvent):void{
16       gotoAndStop("label4");
17   }
```

图 6.40 帧编号改为帧标签

"gotoAndStop (10)；"应该改为"gotoAndStop ("label1")；"。

"gotoAndStop (20)；"应该改为"gotoAndStop ("label2")；"。

"gotoAndStop (30)；"应该改为"gotoAndStop ("label3")；"。

"gotoAndStop (40)；"应该改为"gotoAndStop ("label4")；"。

ActionScript 代码现在将把播放头指引至特定的帧标签，而不是特定的帧编号。

创建返回事件

返回事件只是使播放头回到时间轴上的第 1 帧，或者向观众提供选择原始设置或主菜单的一个关键帧。下面将介绍如何使用"代码片断"面板向项目中添加 ActionScript 代码。

"代码片断"面板提供了一些常用的 ActionScript 代码，可以给 Flash 项目添加简单的交互性效果。"代码片段"面板还可以保存、导入及在开发人员团队中共享代码，从而提高效率。

（1）选择"窗口"→"代码片断"命令，或者在"动作"面板中单击"代码片断"按钮<>，将显示"代码片断"面板。代码片断被组织在描述它们的功能文件夹中，如图 6.41 所示。

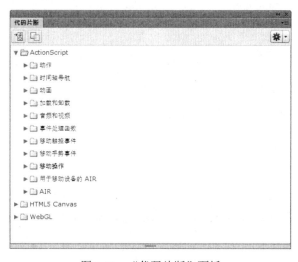

图 6.41　"代码片断"面板

（2）选择"时间轴"上"标签"图层第 19 帧，选取"舞台"上的"yh_mc"按钮（即圆号的详细介绍界面）。

（3）在"代码片断"面板中，展开名为"时间轴导航"的文件夹，并选择"单击以转到帧并停止"选项，如图 6.42 所示。

图 6.42　选择"单击以转到帧并停止"选项

（4）单击"代码片断"面板左上角的"添加到当前帧"按钮，如图 6.43 所示。

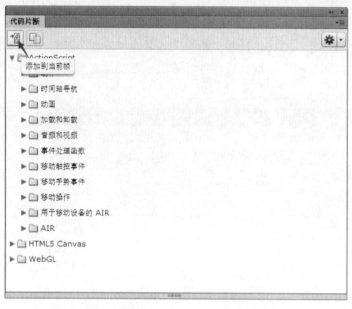

图 6.43　单击"添加到当前帧"按钮

（5）打开"动作"面板，显示生成代码。Flash 向"动作"图层中的现有代码添加了代码。如果没有现有代码，Flash 将会新建一个图层，用灰色显示的文字（在"/*"和"*/"符号之间）描述了代码的执行方式，以及用于自定义它以适应的情况的任何指令，如图 6.44 所示。

```
1    stop();
2    /*单击以转到帧并停止
3    单击指定的元件实例会将播放头移动到时间轴中的指定帧并停止影片。
4    可在主时间轴或影片剪辑时间轴上使用。
5
6    说明:
7    1. 单击元件实例时，用希望播放头移动到的帧编号替换以下代码中的数字 5。
8    */
9
10   yh_mc.addEventListener(MouseEvent.CLICK, fl_ClickToGoToAndStopAtFrame);
11
12   function fl_ClickToGoToAndStopAtFrame(event:MouseEvent):void
13   {
14       gotoAndStop(5);
15   }
```

图 6.44　显示生成代码

（6）在名为"fl_ClickToGoToAndStopAtFrame"的函数内，利用 gotoAndStop(1)动作替换 gotoAngStop(5)动作。当观众单击"yh_mc"按钮时，希望播放头返回到第 1 帧，因此要替换 gotoAndStop()动作中的参数。

（7）用以上方法分别在"标签"图层的第 29 帧、第 39 帧、第 50 帧处添加同样的代码片断，全部设置 gotoAndStop()动作中的参数为"1"，即 gotoAndStop(1)。

（8）将新建的"Actions"图层中的第 19 帧、第 29 帧、第 39 帧和第 50 帧代码依次复制到"动作"面板中的相应帧数中，并将"Actions"图层删去。

（9）在"代码片断"面板的各帧代码中，添加代码"SoundMixer.stopAll();"于"gotoAndStop(1);"之后，以便实现当用鼠标单击退出乐器介绍框时，音乐停止，如图 6.45 所示。

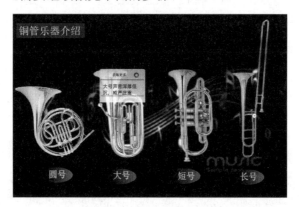

图 6.45　加入代码"SoundMixer.stopAll();"

（10）选择"控制"→"测试影片"→"在 Flash Professional 中"命令。

（11）单击每个按钮，都把播放头移到"时间轴"中带不同标签的关键帧上，显示也会不同。单击各个介绍框时，返回第 1 帧，显示原始乐器 4 个按钮，如图 6.46 所示。但是目前不能实现该效果，还需要继续做完下面的步骤。

图 6.46　原始乐器 4 个按钮

 在目标处播放动画

如何在乐器介绍界面中当用户单击一个按钮后播放一个介绍的页面呢？可以使用命令"gotoAndPlay()"，移动播放头到相应帧编号或帧标签，参数可以是帧编号或帧标签，即播放头从这一点开始播放。

1．创建过渡动画

下一步，将创建乐器文字介绍动画。这需要 ActionScript 代码直接跳转至每个关键帧并开始播放动画。

（1）把播放头移到"label1"帧标签，如图 6.47 所示。

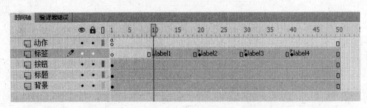

图 6.47　播放头移到"label1"帧标签

（2）右击"舞台"上的乐器圆号介绍实例，在弹出的快捷菜单中选择"创建补间动画"命令。

（3）Flash 将会为实例创建单独的"补间"图层，以便它可以继续创建补间动画，给生成的"补间"图层命名为"圆号"，如图 6.48 所示。

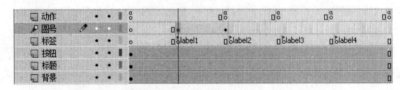

图 6.48　生成新的"补间"图层

（4）在"属性"面板中，选择"色彩效果"→"样式"下拉列表框中的"Alpha"选项。

（5）把"Alpha"滑块设置为"0%"，如图 6.49 所示，"舞台"上的实例将完全变成透明。

（6）把播放头拖至补间范围末第 19 帧处。

（7）在"舞台"上选择透明实例。

（8）在"属性"面板中将"Alpha"滑块设置为"100%"，如图 6.50 所示。

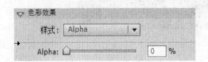 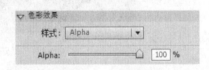

图 6.49　"Alpha"滑块设置为"0%"　　图 6.50　"Alpha"滑块设置为"100%"

（9）这将会以正常的透明度级别显示实例。从第 10 帧到第 19 帧的补间动画显示了平滑的淡入效果，如图 6.51 所示。

（10）在标记为"label2"、"label3"和"label4"的关键帧中为其余的乐器创建类似补间动画，给生成的"补间"图层依次命名为"大号"、"短号"和"长号"，如图 6.52 所示。

图 6.51　正常透明度显示实例

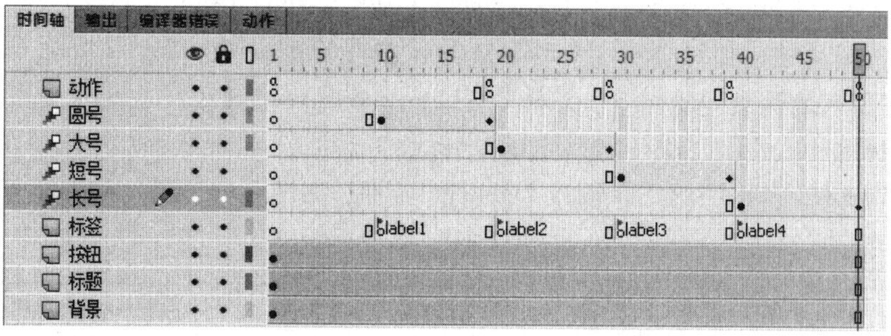

图 6.52　命名生成的"补间"图层

2. 使用 gotoAndPlay 命令

gotoAndPlay 命令使 Flash 播放头移到"时间轴"上特定的帧处，并开始从该位置播放动画。

（1）选择"动作"图层中的第 1 帧，并打开"动作"面板。

（2）在 ActionScript 代码中，把前 4 个"gotoAndStop()"命令都改为"gotoAndPlay()"命令，并保持参数不变，如图 6.53 所示。

"gotoAndStop("label1");"应该改为"gotoAndPlay("label1");"。

"gotoAndStop("label2");"应该改为"gotoAndPlay("label2");"。

"gotoAndStop("label3");"应该改为"gotoAndPlay("label3");"。

"gotoAndStop("label4");"应该改为"gotoAndPlay("label4");"。

```
1    stop():
2    yhan.addEventListener(MouseEvent.CLICK,yh):
3    function yh(event:MouseEvent):void{
4        gotoAndPlay("label1"):
5    }
6    dahan.addEventListener(MouseEvent.CLICK,dah):
7    function dah(event:MouseEvent):void{
8        gotoAndPlay("label2"):
9    }
10   dhan.addEventListener(MouseEvent.CLICK,dh):
11   function dh(event:MouseEvent):void{
12       gotoAndPlay("label3"):
13   }
14   chan.addEventListener(MouseEvent.CLICK,ch):
15   function ch(event:MouseEvent):void{
16       gotoAndPlay("label4"):
17   }
```

图 6.53　更改代码命令

对于每个乐器按钮，现在 ActionScript 代码将把播放头指引到特定的帧标签处，并从该处开始播放动画。

3．停止动画

如果现在测试影片(选择"控制"→"测试影片"→"在 Flash Professional 中"命令)，将看到每个按钮跳转至其对应帧标签处并从该处开始播放，一直播放至结束，从而会显示"时间轴"中所有的剩余动画。下一步将介绍 Flash 何时停止播放。

（1）选择"动作"图层第 19 帧，打开"动作"面板。

（2）在"脚本"窗格中第一行输入"stop();"代码，如图 6.54 所示。当到达第 19 帧时，Flash 将停止播放。

图 6.54　输入"stop();"代码

（3）依次在第 29 帧、第 39 帧和第 50 帧中分别于"动作"面板上添加停止命令，如图 6.55 所示。

图 6.55　依次添加停止命令

（4）选择"控制"→"测试影片"→"在 Flash Professional 中"命令测试影片。每个按钮都会转到不同的关键帧，并且播放简短的淡入动画。在动画结尾，影片会停止，此时可单击介绍框返回。

 ## 6.11　动画式按钮

动画按钮显示"弹起"、"指针经过"或"按下"的关键帧动画。目前，当将鼠标光标放在仪器的按钮上时，灰色的附加信息会出现。但如果是灰色的信息出现动画效果，它将给用户带来更多的趣味和复杂的交互作用。

创建一个动画式按钮的关键是：在一个影片剪辑元件里创建动画，然后将影片剪辑元件置于按钮元件的"弹起"、"指针经过"或"按下"的关键帧内。当显示其中一个关键帧时，影片剪辑元件将会播放动画。

1．在影片剪辑元件中创建动画

乐器介绍的按钮元件的"指针经过"关键帧内已经包含了一个灰色信息框的影片剪辑元件。下面将编辑每一个影片剪辑元件，在里面添加一个动画。

（1）在"库"面板中，展开"获取更多框/基础元件"文件夹。双击"圆号"的影片剪辑元件图标，打开"圆号"的影片剪辑元件的元件编辑模式。

（2）全选"舞台"上的元素。

（3）右击，在弹出的快捷菜单中选择"创建补间动画"选项，如图 6.56 所示。

（4）在出现的对话框中，要求确认将所选的内容转换为元件，单击"确定"按钮。Flash 将会创建一个"补间"图层，并向影片剪辑的"时间轴"上添加第二组关键帧，如图 6.57 所示。

图 6.56　选择"创键补间动画"选项

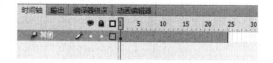

图 6.57　添加第二组关键帧

（5）拖动补间范围的末尾，使得"时间轴"上只有 10 帧，如图 6.58 所示。

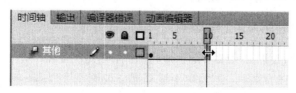

图 6.58　"时间轴"上只有 10 帧

（6）当播放头移至第 1 帧处，并选取"舞台"上的实例。

（7）在"属性"面板中，选择"色彩效果"→"样式"下拉列表框中的"Alpha"选项。把 Alpha 滑块设置为"0%"。"舞台"上的实例将完全变成透明。

（8）把播放头拖至补间范围末尾的第 10 帧处。

（9）在"舞台"上选择透明实例。

（10）在"属性"面板中将"Alpha"滑块设置为"100%"，Flash 将在第 1～10 帧的补间范围内（在透明实例与不透明实例之间）创建平滑的过渡。

（11）插入一个新图层，重命名为"动作"。

（12）在"动作"图层的最后一帧（第 10 帧）中插入新关键帧，如图 6.59 所示。

（13）打开"动作"面板，并在"脚本"窗格中输入"stop();"代码。在最后一帧中添加停止动作可以确保淡入效果只会播放一次。

（14）单击"舞台"上的"场景 1"按钮，退出元件编辑模式。

（15）选择"控制"→"测试影片"→"在 Flash Professional 中"命令。

（16）当鼠标指针悬停在"圆号"按钮上时，灰色信息框将淡入。影片剪辑元件内的补间动画将播放淡入效果，并把影片剪辑元件存放在按钮元件的"指针经过"关键帧内，如图 6.60 所示。

（17）为其他的灰色信息框影片剪辑元件创建相同的补间动画，以便 Flash 可以为所有乐器按钮创建动画式效果。

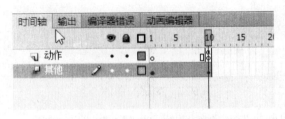

图 6.59　插入新关键帧

图 6.60　灰色信息框淡入

2．用代码为仪器按钮元件创建动画

当鼠标经过仪器按钮时，仪器按钮会弹起放大，这是用 Flash 的动画代码生成的（Twee 类），现在不用去理解它的原理，本章也不进行详细说明，目的是展示 ActionScript 3.0 的强大功能，激发读者进一步学习的兴趣。

把下面的代码加到"动作"面板的最前面即可。

```
import fl.transitions.Tween;
import fl.transitions.easing.*;
import flash.display.MovieClip;
import flash.events.MouseEvent;

dhan.addEventListener(MouseEvent.ROLL_OUT, ondhan);
function ondhan(e:MouseEvent):void
{
    var growX:Tween = newTween(dhan,"scaleX",Elastic.easeOut,.1,1,3,true);
    var growY:Tween = newTween(dhan,"scaleY",Elastic.easeOut,.1,1,3,true);
}
chan.addEventListener(MouseEvent.ROLL_OUT, onchan);

function onchan(e:MouseEvent):void
{
     var growX:Tween = newTween(chan,"scaleX",Elastic.easeOut,.1,1,3,true);
    var growY:Tween = newTween(chan,"scaleY",Elastic.easeOut,.1,1,3,true);
}
yhan.addEventListener(MouseEvent.ROLL_OUT, onyhan);
function onyhan(e:MouseEvent):void
{
  var growX:Tween = newTween(yhan,"scaleX",Elastic.easeOut,.1,1,3,true);
  var growY:Tween =new Tween(yhan,"scaleY",Elastic.easeOut,.1,1,3,true);
}
dahan.addEventListener(MouseEvent.ROLL_OUT, ondahan);
function ondahan(e:MouseEvent):void
{
    var growX:Tween =new Tween(dahan,"scaleX",Elastic.easeOut,.1,1,3,true);
    var growY:Tween = newTween(dahan,"scaleY",Elastic.easeOut,.1,1,3,true);
}
```

 ## 6.12　全部代码

（1）第1帧：除了6.11节出现的代码外还包括以下代码。

```
stop();
yhan.addEventListener(MouseEvent.CLICK,yh);
function yh(event:MouseEvent):void{
    gotoAndPlay("label1");
}
dahan.addEventListener(MouseEvent.CLICK,dah);
function dah(event:MouseEvent):void{
    gotoAndPlay("label2");
```

```
}
dhan.addEventListener(MouseEvent.CLICK,dh);
function dh(event:MouseEvent):void{
    gotoAndPlay("label3");
}
chan.addEventListener(MouseEvent.CLICK,ch);
function ch(event:MouseEvent):void{
    gotoAndPlay("label4");
}
```

（2）第 19 帧代码。

```
stop();
yh_mc.addEventListener(MouseEvent.CLICK, fl_ClickToGoToAndStopAtFrame);

function fl_ClickToGoToAndStopAtFrame(event:MouseEvent):void
{
    gotoAndStop(1);
    SoundMixer.stopAll();
}
```

（3）第 29 帧代码。

```
stop();
dah_mc.addEventListener(MouseEvent.CLICK, fl_ClickToGoToAndStopAtFrame_2);

function fl_ClickToGoToAndStopAtFrame_2(event:MouseEvent):void
{
    gotoAndStop(1);
    SoundMixer.stopAll();
}
```

（4）第 39 帧代码。

```
stop();
dh_mc.addEventListener(MouseEvent.CLICK, fl_ClickToGoToAndStopAtFrame_3);

function fl_ClickToGoToAndStopAtFrame_3(event:MouseEvent):void
{
    gotoAndStop(1);
    SoundMixer.stopAll();
}
```

（5）第 50 帧代码。

```
stop();
ch_mc.addEventListener(MouseEvent.CLICK, fl_ClickToGoToAndStopAtFrame_4);

function fl_ClickToGoToAndStopAtFrame_4(event:MouseEvent):void
{
    gotoAndStop(1);
    SoundMixer.stopAll();
}
```

作业

一、模拟练习

打开 "模拟练习"文件目录，选择"Lesson06"→"Lesson06m.swf"文件进行浏览播放，仿照"Lesson06m.swf"文件，做一个类似的动画。动画资料已完整提供，保存在素材目录"Lesson06/模拟练习"中，或者从 http:// nclass.infoepoch.net 网站上下载相关资源。

二、自主创意

自主设计一个 Flash 实例，应用本章所学习的创建按钮元件、按钮元件添加声音、复制元件、交换元件与位图、命名按钮实例、编写 ActionScript 代码、创建动画式按钮等知识。也可以把自己完成的作品上传到课程网站上进行交流。

三、理论题

1．如何添加 ActionScript 代码？
2．事件与侦听的含义是什么？
3．Function 是什么意思？
4．怎么创建动画式按钮？

理论题答案：

1．在"窗口"里找到"动作"或按 F9 键，并学习利用"代码片断"提高效率。

2．事件是通过 Flash 可检测的鼠标单击、按键及任意输入启动的，并会产生相应的响应。侦听则是一个函数，来执行所响应的特定程序。

3．Function 是函数的意思。在 Flash 中，可以创建一个代码块，当需要的时候直接调用它的名称，而不必每次都要重新写一遍，这就是自定义函数。

4．创建一个动画式按钮的关键是：在一个影片剪辑元件里创建动画，然后将影片剪辑元件置于按钮元件的"弹起"、"指针经过"或"按下"的关键帧内。当显示其中一个关键帧时，影片剪辑将会播放动画。

第 7 章
处理声音和视频

本章学习内容：

1. 导入声音文件。
2. 编辑声音文件。
3. 使用 Adobe Media Encoder。
4. 了解视频和音频编码选项。
5. 在 Flash 工程中播放外部视频。

完成本章的学习需要大约 3 小时，请从素材中将文件夹 Lesson03 复制到你的硬盘中。

知识点：

由于本书篇幅有限，下面知识点并非在本章中都有涉及或详细讲解，在本书的学习网站（http://nclass.infoepoch.net）上有详细的学习资料和微视频讲解，欢迎登录学习和下载。

1. 插入视频文件、编辑视频文件、插入音频文件、管理音频文件、向按钮添加声音、将声音与按钮同步、导出声音、导出 Flash 声音文档的准则。

2. 创建在 Flash 中使用的视频、Adobe Media Encoder、使用时间轴控制视频播放、ActionScript 控制外部视频播放、Adobe Primiere Pro 和 Adobe Flash。

　　本章是一个展示旅游景点的案例，需要导入音频文件，并将其放在"时间轴"上以创建简短的音频音乐；调用外部的视频文件；向按钮中嵌入声音，单击一个缩览图按钮以播放该景物的短片；使用 Adobe Media Encoder 压缩、转换视频文件，使其成为可在 Flash 中使用的格式，如图 7.1 所示。

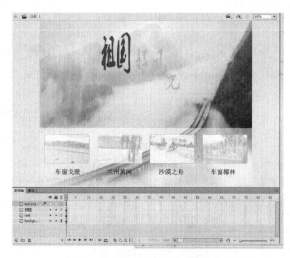

图 7.1　旅游景点的展示效果

 预览完成的动画并开始制作

　　（1）双击 Lesson07/范例文件/Complete07 文件夹中的"complete07.swf"文件，Flash Player 播放器会对 complete07 动画进行播放，单击"车窗戈壁"按钮会在以甘肃省地图为背景的界面上逐渐展开播放相应的视频文件，如图 7.2 所示。

图 7.2　"车窗戈壁"图片下的背景界面

（2）关闭 Flash Player 预览窗口。

（3）打开文件进入制作过程。在"Lesson07/范例文件/Start07"文件夹中有一个名为"start07.fla"的文件，在 Flash CC 中打开"start07.fla"文件，选择"文件"→"另存为"命令，将文件命名为"demo07.fla"，并保存在"Start07"文件夹中。

 了解范例文件

（1）在 Flash CC 菜单栏中选择"文件"→"打开"命令。选择 Lesson07/范例文件/Complete07 文件夹中的"complete07.fla"文件，并单击"打开"按钮。

该范例舞台大小为 800×600 像素，它是由 5 个场景构成，每个场景控制着不同的内容。场景 1 为主页，其他场景（内容场景 2～5）为视频内容及其播放效果的代码控制，其设计结构类似，视频内容不同，如图 7.3 所示的是场景 3。

图 7.3　场景 3 的内容

（2）在菜单栏选择"窗口"→"动作"命令，打开"动作"面板，发现该范例在每个场景相应的帧上写有较多代码（共 21 帧有代码），如图 7.4 所示。这对于没有学习过 ActionScript 3.0 程序的读者来讲学习这个案例会有些困难，但下面的学习过程会让读者轻松跳过这一关。因为代码已经放在"start07.fla"文件中，这里主要介绍声音和视频文件的应用知识，也增加了一些 ActionScript 3.0 在视频交互方面的作用感性知识，为今后进一步学习奠定基础。

下面就正式开始学习这个案例。

图 7.4 相应的帧上写有较多代码

7.3 为按钮添加声音

1. 导入声音

（1）在菜单栏中选择"文件"→"导入"→"导入到库"命令。在 Lesson07/范例文件/Start07 文件夹中选中"5114.wav"文件，然后单击"打开"按钮，"5114.wav"文件出现在"库"面板中，声音文件有一个独特的图标，而且预览窗口会显示波形图，如一系列声音的波峰和波谷，如图 7.5 所示。

图 7.5 预览窗口显示波形图

（2）单击"库"面板中预览窗口右上角的"播放"按钮，播放该段声音文件。

2. 把声音放到时间轴上

（1）在"场景 1"中，双击"车窗戈壁"按钮进入编辑状态。新建图层，在"按下"帧处插入关键帧（或按 F6 键），将"库"面板中的"5114.wav"文件拖到"舞台"上，如图 7.6 所示。

（2）选中"按下"关键帧，在"属性"检查器中，注意到该声音文件出现在"声音"栏的下拉菜单中。

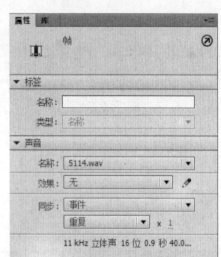

图 7.6　插入关键帧　　　　　　　　　　图 7.7　选择"事件"选项

（3）在"同步"下拉列表框中选择"事件"选项（"同步"选项决定了在"时间轴"上以哪种方式播放声音：事件、开始、停止、数据流）。此处选择"事件"同步的原因是要达到在测试影片的时候单击按钮时会有声音出现，如图 7.7 所示。

"事件"选项会将声音和一个事件的发生过程同步起来。事件声音在它的起始关键帧开始显示时播放，并独立于时间轴播放完整个声音，即使 SWF 文件停止也继续播放。当播放发布的 SWF 文件时，事件声音混合在一起。

"开始"选项与"事件"选项的功能相近，但如果声音正在播放，使用"开始"选项则不会播放新的声音实例。

"停止"选项将使指定的声音静音。

"数据流"选项将同步声音，强制动画和音频流同步。与事件声音不同，音频流随着 SWF 文件的停止而停止。而且，音频流的播放时间绝对不会比帧的播放时间长。当发布 SWF 文件时，音频流混合在一起。通常在做 Flash MTV 时都是设置为"数据流"，当然，具体的设置还是要根据具体情况来确定。

（4）根据"车窗戈壁"按钮添加声音的方法，将剩余的"兰州黄河"、"沙漠之舟"、"车窗椰林"三个按钮加上声音。

知识链接

设置声音的品质

可以控制在最终的 SWF 文件中压缩声音的程度。压缩程度越小，声音音质就越好，但生成的 SWF 文件就会越大；反之，压缩程度越大，声音音质就越差，生成的 SWF 文件就越小。因此，需要根据需求来权衡声音音质和文件大小，可以在"发布设置"选项中设置声音音质和压缩程度。

（1）在菜单栏中选择"文件"→"发布设置"选项，将出现"发布设置"对话框，如图 7.8 所示。

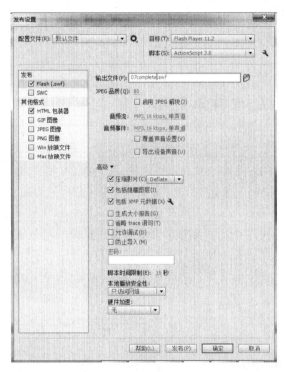

图 7.8　"发布设置"对话框

（2）选择"Flash"复选框，以观察"音频流"和"音频事件"的各种设置。

（3）单击"音频流"的"设置"按钮，以打开"声音设置"对话框。将"比特率"增大到"64kbps"，取消选择"将立体声转换为单声"复选框，然后单击"确定"按钮，如图 7.9 所示。

（4）单击"音频事件"的"设置"按钮，以打开"声音设置"对话框。将"比特率"增大到"64kbps"，取消选择"将立体声转换为单声"复选框，然后单击"确定"按钮。此时，"音频流"和"音频事件"都设置为"64kbps"，并保留了立体声，如图 7.10 所示。

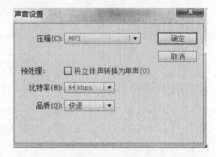

图 7.9 设置 "音频流"的"比特率"   图 7.10 设置"音频事件"的"比特率"

比特率的单位为"kbps",它决定了最终导出的 Flash 影片的声音音质。比特率越高,声音音质越好,但相应生成的文件就会越大。

(5)在"发布设置"对话框中选择"覆盖声音设置"复选框,然后单击"确定"按钮以保存设置。"发布设置"对话框中的各种声音设置将决定 Flash 导出的方式。

7.4 为主页面加上背景音乐

(1)在"场景 1"中,选中背景图层单击"shang",然后按住 Shift 键单击"xia"并右击,在弹出的快捷菜单中选择"转换为元件"选项,然后在弹出的界面中设置"名称"为"声音按钮"、"类型"为"按钮",单击"确定"按钮。在"属性"栏里将实例名称写为"sound_btn",如图 7.11 所示。

(2)选中"动作"图层,打开"动作"面板,将注释掉的灰色部分的代码删除注释(去掉"/*和*/,两个//"),如图 7.12 所示。

图 7.11 为实例命名   图 7.12 删除注释的代码

被去掉的注释的代码为:

```
sound_btn.addEventListener(MouseEvent.CLICK, fl_ClickToPlayStopSound_2);
var fl_SC_2:SoundChannel;
```

```
var fl_ToPlay_2:Boolean;
var s:Sound = new Sound(new URLRequest("序列 01.mp3"));
fl_SC_2 = s.play();
function fl_ClickToPlayStopSound_2(evt:MouseEvent):void
{
    if(fl_ToPlay_2)
    {
        fl_SC_2 = s.play();
    }
    else
    {
        fl_SC_2.stop();
    }
    fl_ToPlay_2 = !fl_ToPlay_2;
}
function stopsound() {
    SoundMixer.stopAll();
    fl_ToPlay_2 = true;
}
```

　　以上代码主要作用是调用外部的声音文件"序列 01.mp3"作为背景音乐，并在单击背景图片时是开始播放，再次单击停止播放。其原理为：

　　"sound_btn.addEventListener(MouseEvent.CLICK, fl_ClickToPlayStopSound_2);"语句使已转换为按钮的背景图片具有侦听鼠标单击的功能，一旦侦听到鼠标单击，便运行 fl_ClickToPlayStopSound_2 函数，该函数的功能主要是控制声音的播放和停止。fl_SC_2 定义为 SoundChannel 类型（声音通道），用该变量来播放"s"（s 被定义为声音类型并赋值代表"序列 01.mp3"声音文件）代表的声音。fl_ToPlay_2 变量表示声音当前状态（播放为"true"，停止为"false"）。

 知识链接

Adobe Media Encoder CC 2015 版

　　该软件是一款专业的视频音频编码器，软件具备丰富的硬件设备编码格式设置，同时还包括专门设计的预设设置，以便于导出与特定交付媒体兼容的文件。借助于 Media Encoder 的强大功能，可以按照适合多种设备的格式导出音频或视频，范围从 DVD 播放器、网站、手机到便携式媒体播放器及标清和高清电视机。

新增功能

1. 时间调谐器

　　时间调谐器可通过删除含静止图像的片段或低视觉活动及静音音频中通过的帧，智能延长或缩减媒体的持续时间。用户可以在"效果"选项卡的"导出设置"中访问和启用时间调谐器。使用时间调谐器，可通过定义新的目标持续时间，或者修改持续时间更改的百分比来定义相对持续时间，对媒体进行调整。时间调谐器设置在 Adobe premiere Pro 中也可使用。

2．杜比数字输出

现在可使用 Adobe Media Encoder CC 2015 的更新，创建带有 Dolby Digital 和 Dolby Digital Plus 多声道音频的大屏幕、家庭影院和网络内容。Dolby Digital 和 Dolby Digital Plus 均为受到广泛支持的高品质格式，可向支持的 Dolby Digital 接收器发送指令以根据用户的规范对源信号进行混合。不仅如此，YouTube 和 Vimeo 现在都支持 Dolby Digital 媒体流。

3．支持 JPEG 2000 MXF

现在可以提供 MXF 封装的 JPEG 2000 内容，用于需要该格式的广播和其他工作流程。JPEG 2000 是在视觉上无损的编解码器，它迅速兴起成为行业标准，是 IMF 数据包的指定视频基本格式。

4．用户界面增强功能

自定义用户界面中的高光显示亮度，并在一个熟悉的"首选项"面板布局中快速查找用户设置。

其他更新

借助新的 Quicktime 通道化，用户可以在同一 QuickTime 文件中导出多个音频输出配置，从而节省时间并简化渲染，其中包括立体声和 5.1 通道化。

Media Encoder 还配备了改进后的 ProRes 解码器（仅适用于 Mac）。

借助改进的 Creative Cloud 发布功能，可以更轻松地将内容渲染到用户的 Creative Cloud 文件夹，包括非默认文件夹。

利用 QuickTime Rewrap，可轻松将 MXF 封装源资料转码为 QuickTime 格式。

使用新的"设置起始时间代码"选项，可轻松地为导出内容定义起始时间代码。

使用 Adobe Media Encoder 2015 处理视频素材

在本章中，要练习使用 Adobe Media Encoder 将视频文件转换为 FLV 或 F4V 格式，以方便 Flash 项目中视频播放组件"FLVPlayback 组件"调用。本章的视频素材已经使用 Adobe Media Encoder 处理完毕，保存在该章项目文件夹中。通过以下步骤讲解，以简单了解该软件的使用。

Adobe Media Encoder 既用作单机版应用程序，又用作 Adobe Premiere Pro、After

Effects、Prelude 和 Flash Professional 的组件。Adobe Media Encoder 可以导出的格式取决于安装的是哪个应用程序。如计算机中还未安装该软件，可以从互联网搜索下载"Adobe Media Encoder 2015 简体中文试用版"并安装。

1. Adobe Media Encoder 2015 主界面

启动 Adobe Media Encoder 2015，主界面如图 7.13 所示，该软件在 Flash CS6 以前的版本随 Flash 程序一起安装。Flash CC 需要单独安装。

"队列"面板　　　　　　　　　　　　　　　预设浏览器

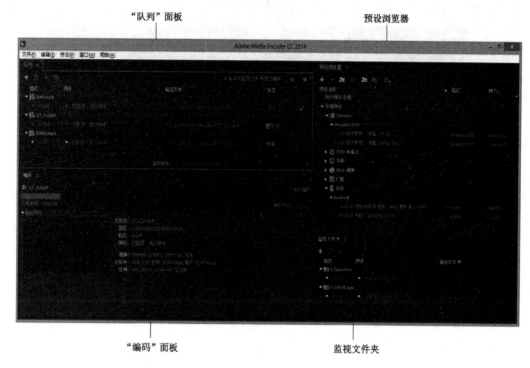

"编码"面板　　　　　　　　　　　　　　监视文件夹

图 7.13　Adobe Media Encoder 2015 主界面

（1）"编码"面板："编码"面板提供有关每个编码项目的状态的信息。同时多个编码输出时，"编码"面板将显示每个编码输出的缩略图预览、进度条和完成时间估算。

（2）"队列"面板：将想要编码的文件添加到"队列"面板中。用户可以拖放文件到队列中或单击"添加源"按钮并选择要编码的源文件。

（3）"预设浏览器"：提供各种选项，这些选项可帮助简化 Adobe Media Encoder 中的工作流程。浏览器中的系统预设基于其使用（如广播、Web 视频）和设备目标（如 DVD、蓝光、摄像头、绘图板）进行分类。

（4）"监视文件夹"：硬盘驱动器中的任何文件夹都可以被指定为"监视文件夹"。当选择"监视文件夹"后，任何添加到该文件夹中的文件都将使用所选预设进行编码。Adobe Media Encoder 会自动检测添加到"监视文件夹"中的媒体文件并开始编码。

2．将项目添加到编码队列

要对视频或音频项目进行编码，首先将其添加到 Adobe Media Encoder 的编码队列，然后选择编码预设或自定义设置。可以指示应用程序在将项目添加到队列后开始编码，或者让应用程序等到决定开始编码时再开始。

（1）将项目导入到编码队列，要添加视频或音频文件，可再将一个文件拖入队列或单击"添加资源"按钮，并选择一个或多个文件。还可以双击"队列"面板中打开的区域，选择一个或多个文件。"队列"面板如图 7.14 所示。

图 7.14 "队列"面板

（2）单击"添加源"按钮 ，在弹出的"选择视频文件"对话框中选择 Lesson07/范例文件/Start07 文件夹中"戈壁.mov"文件后，再单击"打开"按钮，将"戈壁.mov"文件添加到"队列"面板中，如图 7.15 所示。

图 7.15 "戈壁.mov"文件添加到"队列"面板中

3．将视频文件转换为 Flash 视频

转换视频文件很容易，而转换的时间取决于原始视频文件的大小和计算机的速度。

（1）在"队列"面板"格式"栏中，选择 FlV 格式。

（2）在"预设"栏中，选择"3GPP 352×288 15fps"选项。

（3）单击"输出文件"链接，此时将会出现"另存为"对话框。

（4）单击右上角的"启动队列"（三角形）△按钮，如图 7.16 所示。

图 7.16 "启动队列"按钮

于是，Adobe Media Encoder 开始进行编码，如图 7.17 所示。

图 7.17　进行编码

4．了解编码选项

转换原始视频时可以自定义各种设置，如裁剪视频，调整其大小以适应各种分辨率，仅转换视频的某一片段，调整其压缩类型和程度，或对视频应用滤镜。要显示这些编码选项，在菜单栏中选择"编辑"→"重置状态"命令，可重置"戈壁.mov"文件，然后在显示列表中选择"格式"或"预设"选项。也可以选择"编辑"→"导出设置"命令，以显示"导出设置"对话框，如图 7.18 所示。

图 7.18　"导出设置"对话框

5．裁剪视频

如果只想显示视频的一部分，可以进行裁剪。还未裁剪时，在菜单栏中选择"编辑"→"重置状态"命令以重置"戈壁.mov"文件，然后选择"编辑"→"导出设置"命令，以体验多种裁剪设置。

（1）单击"导出设置"对话框左上角的"源"标签，然后单击"裁剪"按钮，此时将在视频预览窗口中出现裁剪框，如图 7.19 所示。

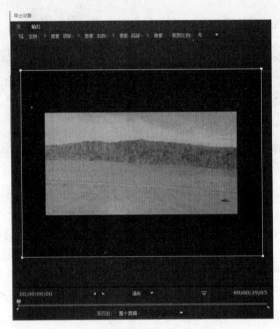

图 7.19　视频预览窗口出现裁剪框

（2）向里侧拖动各边，从上、下、左、右 4 个方向进行裁剪。裁剪框外侧的灰色部分将被舍弃，Flash 会在光标旁显示视频的新尺寸；还可以在预览窗口上部的"左侧"、"右侧"、"顶部"和"底部"中设置，输入精确的像素值，如图 7.20 所示。

图 7.20　设置精确的像素值

（3）如果想要调整裁剪框的比例，在"裁剪比例"下拉列表框中选择满意的比例，如图 7.21 所示。

（4）要观察裁剪的效果，单击预览窗口左上角的"输出"标签，在"源缩放"下拉列表中选择"缩放以适合"选项，如图 7.22 所示。

图 7.21　调整裁剪比例　　　　　图 7.22　选择合适的"源缩放"选项

（5）在"源"页面中再次单击"裁剪"按钮以取消选择，并退出裁剪模式。

6．调整视频的长度

视频可能会在开始或结尾有不需要的片段，可以在任意一端裁除镜头，以调整整个视频的长度。

（1）单击并在视频条中拖动播放头，预览一些连续镜头，如图 7.23 所示。将播放头置于视频需要的起点处即可，时间标记表明当前已删除的时间长度。

图 7.23　预览连续镜头

（2）单击"设置入点"（三角形）图标，该入点将会移至播放头当前所在位置，如图 7.24 所示。

图 7.24　"设置入点"（三角形）图标

（3）将播放头拖至视频所需的结束点。

（4）单击"设置出点"图标，这将把出点移至当前播放头所在的位置。

（5）也可以简单地拖动"入点"和"出点"标记来选定想要的视频。在"入点"和"出点"之间呈现高亮显示的视频就是原始视频中唯一一段将会进行编码的片段。

（6）将"入点"和"出点"分别拖回各自的原始位置，或在"源范围"下拉列表框中选择"整个剪辑"选项，如图 7.25 所示。

图 7.25　选择"整个剪辑"选项

7．设置视频和音频选项

"导出设置"对话框右侧包含了关于原始视频的信息，以及导出设置的摘要。

在顶部的"预设"下拉列表框中可选择一个预设选项。在底部，可通过单击各个标签导航到高级视频和音频编码选项。在最底部，Flash 显示了最终输出文件的大小，如图 7.26 所示。

下面，再次以"戈壁.mov"文件为例。

（1）确保选择了"导出视频"和"导出音频"复选框。

（2）单击"格式"标签，将要导出的文件格式设为".flv"。

（3）单击"视频"标签。

（4）确保选择了"调整视频大小"和"约束"选项，在"基本视频设置"选项区域设置"宽度"为"352"，"高度"为"288"，然后单击文本框以外确认该设置，如图 7.27 所示。

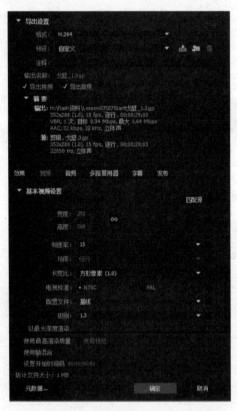

图 7.26　"导出设置"对话框　　　　图 7.27　设置视频的"宽度"和"高度"

（5）单击"确定"按钮，Flash 将会关闭"导出设置"对话框，并将保存各个高级视频和音频设置。

8．保存视频和音频选项

如果处理类似的多个视频，可选择在 Adobe Media Encoder 中保存自己的视频和音频选项。一旦保存该设置，就可以方便快捷地将其应用到其他视频。

（1）选择"编辑"→"重置状态"命令，以重置"队列"面板中视频的状态，然后选择"导出设置"选项。

（2）在"导出设置"对话框中，单击"保存预设"按钮。

（3）在出现的对话框中，为视频和音频选项提供一个描述性较好的名称后，单击"确定"按钮即可。

（4）返回视频列表。可在"预设"下拉列表框中选择该预设选项，将自定义的设置应用于其他视频。

7.6 为场景添加视频

声音处理的两种方式：第一种是把声音放到舞台上，动画播放时声音会从放置的帧开始播放，如为按钮添加的声音；第二种是通过 ActionScript 代码把外部声音导入，如为背景添加的声音，这种方式需要写代码，但能实现用户需要的各种交互方式。下面学习在 Flash CC 中使用 FLVPlayback 组件播放视频。

（1）单击"舞台"右上方的 按钮，在弹出的面板中选择场景 2，如图 7.28 所示。

（2）查看场景 2 的时间轴面板，共有四个图层，名称分别为"as"、"return"、"视频"、"背景"。"as"图层在第 1 帧和第 26 帧有代码，其关键帧有一个" "提示，其中小写"a"说明该帧有代码，如图 7.29 所示。

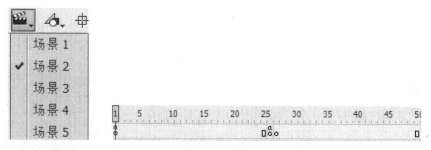

图 7.28　选择场景 2　　　　　　　图 7.29　关键帧有代码提示

"return"图层是一个返回按钮，可以通过关闭和打开时间轴上对应层的"显示/隐藏"图标查看相应图层的内容。如关闭所有图层的"显示/隐藏"图标，只打开"return"图层的"显示/隐藏"图标，如图 7.30（a）所示。这样舞台上就只有这个图层的内容可以看到，是一个"返回"按钮，如图 7.30（b）所示。

关闭"return"图层的"显示/隐藏"图标，打开"背景"图层的"显示/隐藏"图标，看到的是一张地图；关闭"背景"图层的"显示/隐藏"图标，打开"视频"图层的"显示

/隐藏"图标,看到"舞台"上是空白的。下面在"视频"图层添加相应的视频。

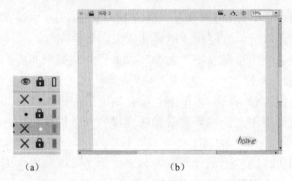

（a）　　　　　　　　　（b）

7.30　只显示"return"图层的"返回"按钮

（3）首先创建"组件"实例,选中"视频"图层。打开"窗口"→"组件"面板中的"video"目录,把"FLVPlayback 2.5"组件拖到舞台上,如图 7.31 所示。

（4）所创建的"组件"出现在"舞台"上,确定"位置和大小"的设置:"X"为"-260.95","Y"为"-26.40","宽"为"1280.00","高"为"720.00",如图 7.32 所示。

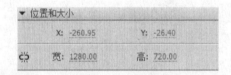

图 7.31　"video"目录　　　　图 7.32　设置组件"位置和大小"的值

（5）在"属性"栏中设置"组件参数",打开"组件参数"的下拉面板,如图 7.33（a）所示,单击"suorce"后的"铅笔形状"按钮,弹出如图 7.32（b）所示的"内容路径"界面,单击"文件夹"图标,从文件列表框中选择"lesson07/范例文件/Star07"目录下的"戈壁.flv"文件,单击"确定"按钮,"舞台"上会出现"戈壁.flv"视频。

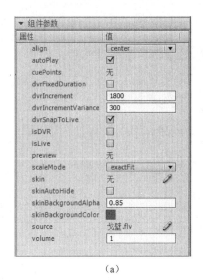

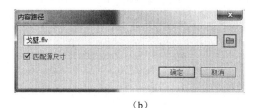

（a）　　　　　　　　　　　　　　（b）

图 7.33　"组件参数"面板和"内容路径"界面

（6）选择"FLVPlayback 2.5"组件实例，设置"X"为"-201"，"Y"为"-57"，"宽"为"1280"，"高"为"720"，单位都为像素，如图 7.34 所示。

图 7.34　设置"组件实例"的位置和大小

（7）按下 Ctrl+Enter 组合键，测试影片，当单击主页上"车窗戈壁"按钮时就会播放视频了，但当单击"return"按钮返回主页时，还可以听到视频播放的声音。解决的办法是：打开"动作"面板，在面板左侧栏选择"场景 2"的"as:第 1 帧"标签，然后在右侧面板把第 17 行代码[//SoundMixer.stopAll();]的"//"注释符号去掉，如图 7.35 所示。此时，返回主页面时就没有声音播放了。这句代码的作用是停止所有声音。

（8）根据"场景 2"添加视频的方法，依次将"场景 3、4、5"的视频分别添加，视频名称分别为"黄河.flv"、"骆驼.flv"、"椰林.flv"，再把相应场景的代码"//SoundMixer.stopAll();"中的注释符号"//"去掉。

（9）重新测试影片，所有的按钮都可以播放视频了。

这里的重点是掌握"FLVPlayback 2.5"组件的使用。下面来完成特殊效果的制作，这是通过把"FLVPlayback 2.5"组件实例转换为元件并命名，然后通过代码控制用遮罩动画效果实现的。

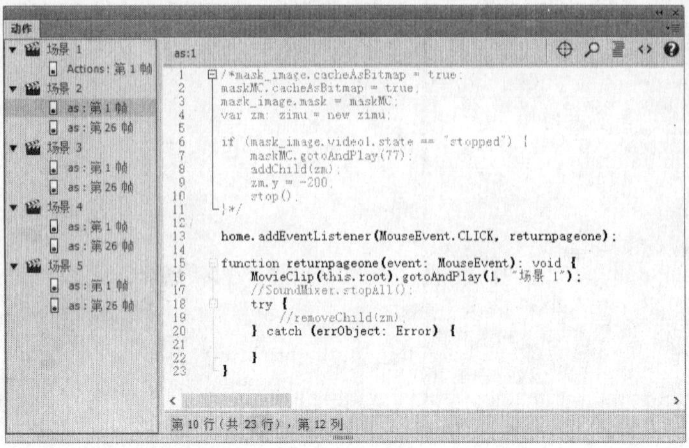

图 7.35　去掉第 17 行代码的注释符号

 知识链接

Flash 组件

组件是带有参数的电影剪辑，这些参数可以用来修改组件的外观和行为。每个组件都有预定义的参数，并且可以被设置。每个组件还有一组属于自己的方法、属性和事件，它们被称为应用程序接口（Application Programming Interface，API）。

使用组件，可以使程序设计与软件界面设计分离，提高代码的可复用性。库项目中的电影剪辑可以被预编译成 SWF 文件，这样可以缩短影片测试和发布的执行时间。将 SWC 文件拷贝到 First Run\Components 目录后，该组件便会出现在"组件"面板中。

使用组件，必须把"组件"面板中所需要的组件拖到舞台（Stage）上，使组件出现在库面板中，这样组件就可以像普通的库项目一样被使用。组件被添加后可以在属性或参数面板中直接设置组件的参数，另外还要为组件定义事件，使用侦听器和事件处理函数等定义组件事件的处理方法。

7.7 使用遮罩动画和 ActionScript 代码为视频播放加上特效

1. 把 "FLVPlayback 2.5" 组件实例转换为元件

（1）以场景 2 为例，单击"舞台"右上方的 按钮，在弹出的面板中选择场景 2，选中"FLVPlayback 2.5"组件实例并右击，在弹出的快捷菜单中选择"转换为元件"命令，如图 7.36（a）所示。在弹出的"转换为元件"对话框中，"名称"为系统默认的名称、"类型"为"影片剪辑"，单击"确定"按钮，如图 7.36（b）所示。

（a）选择"转换为元件"命令

（b）设置"名称"和"类型"

图 7.36 "转换为元件"对话框

（2）在"属性"面板中，将转换为元件的实例名称命名为"mask_image"，如图 7.37 所示。

图 7.37 为转换为元件的实例命名

2. 添加用于遮罩效果的动画元件

（1）选择"场景 2"中的"视频"图层，新建一个图层并命名为"补间"，如图 7.38 所示。

（2）选中"补间"图层，将"库"面板中的"补间 1"元件拖入"舞台"中央（拖入后是一个很小的圆点），为确保该元件处于选择状态，可把其他图层锁定，再选择"补间"图层的第 1 帧，如图 7.39 所示。

图 7.38 新建一个"补间"图层

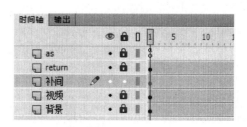

图 7.39 选中"补间"图层

（3）将"补间1"实例命名为"maskMC"，"补间1"元件是预先制作好的一个圆点逐渐向周围扩散的补间动画，当该动画作为视频界面的遮罩时，视频上显示的就是这个补间动画的效果了，如图7.40所示。

图7.40 "补间1"命名为"maskMC"

（4）打开"动作"面板，单击"场景2"中的"as:第1帧"标签，然后在右侧面板将"/*"、"*/"、"//"等注释去掉，如图7.41所示。

图7.41 "动作"面板

（5）该遮罩的实现并没有在时间轴建立遮罩层，而是用代码实现的遮罩。如果在时间轴建立遮罩，无法实现遮罩边缘逐渐过渡的效果。代码如下：

```
mask_image.cacheAsBitmap = true;
maskMC.cacheAsBitmap = true;
mask_image.mask = maskMC;
var zm: zimu = new zimu;
if (mask_image.state == "stopped") {
    maskMC.gotoAndPlay(77);
    addChild(zm);
    zm.y = -200;
    stop();
```

```
        }
```

在以上代码中"mask_image"是视频实例名称，"maskMC"是用于遮罩的补间动画名称。

（6）根据"场景 2"添加视频效果的方法，依次将"场景 3、4、5"的视频分别添加。注意后面场景在"补间"图层要添加的补间动画元件分别为"补间 2"、"补间 3"、"补间 4"，其他设置相同。

（7）测试影片，完全实现了原案例的动画效果。

作业

一、模拟练习

打开"模拟练习"文件目录，选择"Lesson07"→"Lesson07m.swf"文件进行浏览播放，仿照 Lesson07m.swf 文件，做一个类似的动画。动画资料已完整提供，保存在素材目录"Lesson06/模拟练习"中，或者从 http:// nclass.infoepoch.net 网站上下载相关资源。

二、自主创意

自主设计一个作品，应用本章所学的导入音频、视频等知识点。

三、理论题

1. 如何在 Flash 中添加音频？
2. 如何在 Flash 中添加视频？
3. 添加视频是否有其他的方法？（扩展）

理论题答案：

1. 可以通过"导入到库"对话框导入音频，也可以把音频直接拖入"库"面板中。

2. 导入视频后可以单击舞台上的视频组件，这时在"属性"面板中会出现组件的参数选项，单击"skin"后的笔状图标就可以进入到"选择外观"对话框中，对视频的外观和颜色进行设置。

3. 在本章中还可以直接在舞台上拖出"FLVPlayback"组件，然后在组件参数的"source"选项中选择视频。

第 8 章
加载和显示外部内容

本章学习内容

1. 使用 ActionScript 载入并显示外部的 SWF 文件。
2. 管理加载 SWF 文件。
3. 删除加载的 SWF 文件。

完成本章的学习大约需要 1 小时，请从素材将文件夹 Lesson08 复制到你的硬盘中，或从 http://nclass.infoepoch.net 网站下载本课学习内容。

知识点：

由于本书篇幅有限，下面知识点并非在本章中都有涉及或详细讲解，在本书的学习网站上有详细的微视频讲解，欢迎登录学习和下载。

1. 使用代码片断添加 ActionScript、注释 ActionScript 脚本、设置 ActionScript 脚本、在不同位置编辑脚本、编写基本 ActionScript 脚本。

2. 控制影片剪辑播放、ActionScript 控制影片剪辑、创建事件侦听器、unload()函数、removeChild()函数、addChild()函数、创建 ProLoader 对象、创建 URLRequest 对象。

本章实例是一个诗词的动画案例，使用 Flash 中的 ActionScript 加载外部 SWF 文件，使用 ActionScript 编写相应的代码，实现加载外部诗词动画（SWF 文件）和控制 SWF 文件，如图 8.1 所示。

图 8.1　诗词的动画效果

 预览动画及了解学习内容

使用 ActionScript 代码可加载外部 Flash 内容。通过将 Flash 的内容模块化，可以使项目的管理更方便，也更容易编辑。

（1）双击 Lesson08/范例文件/Complete08 文件夹中的"complete08.swf"文件，以观察最终影片，如图 8.2 所示。

本章中的项目是一个有关古诗词的意境鉴赏，首页显示四部分：《春晓》《如梦令》《夜雨寄北》及《题都城南庄》，这四部分每个都是一个嵌套动画的影片剪辑。

可在首页单击每一部分，以进入相对应的内容，再次单击，即可返回首页。

图 8.2　最终影片

（2）双击 Lesson08/范例文件/Complete08 文件夹中的"One.swf"文件、"Two.swf"文件、"Three.swf"文件和"Four.swf"文件，如图 8.3 所示。

每一部分都是一个独立的 Flash 文件，在首页可根据需要来加载每个 SWF 文件。

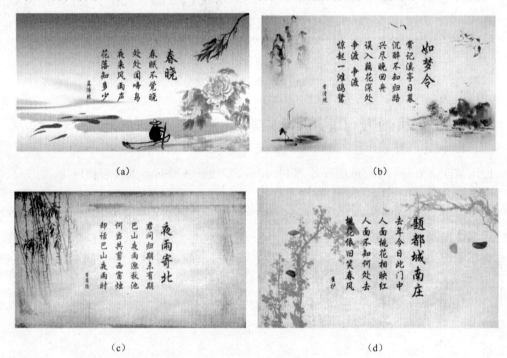

（a）　　　　　　　　　　　　　（b）

（c）　　　　　　　　　　　　　（d）

图 8.3　Complete08 文件夹中的 4 个文件

（3）关闭所有的 SWF 文件，在 Lesson08/模拟文件/Start08 文件夹中打开 start08.fla 文件，如图 8.4 所示。下面将为"春晓"、"如梦令"、"夜雨寄北"、"题都城南庄" 4 个按钮加上单击播放相应的外部 SWF 动画文件的功能。

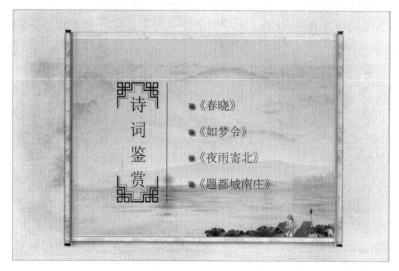

图 8.4　文件夹中的 4 个文件

许多素材都已包含在"库"面板中，下面要做的就是添加所需的 ActionScript 代码，使得 Flash 可以加载外部的 Flash 内容。

（4）选择"文件"→"另存为"命令。为此文件命名为"demo08.fla"，并保存在 Start08 文件夹中，备份以防需要时从头开始，不损坏原始文件。

 ## 8.2　加载外部内容

可使用 ActionScript 代码将外部的 SWF 文件加载到主 Flash 影片中。加载外部内容可以使整个项目分在不同的模块中，以防尺寸太大导致下载不便，而且这样还利于编辑，可以避免编辑整个庞大的文件。

如果想修改哪一部分的内容，只需编辑相应的 FLA 文件即可。

要加载外部文件，需要使用两个 ActionScript 对象：ProLoader 和 URLRequest。

（1）选择时间轴中第一个图层（"Action"图层）的第 101 个关键帧，如图 8.5 所示。

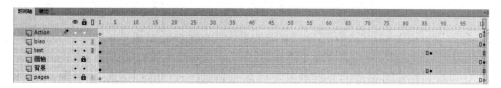

图 8.5　选择时间轴中的"Action"图层

（2）按 F9 键（Windows）或按 Option+F9 组合键（Mac），打开"动作"面板。

（3）在"动作"面板中的"stop();"代码行下输入以下两行代码：

```
import fl.display.ProLoader;
var myProLoader:ProLoader=new ProLoader();
```

这段代码首先会导入 ProLoader 类所需的代码，然后创建一个 ProLoader 对象，并将其命名为"myProLoader"，如图 8.6 所示。

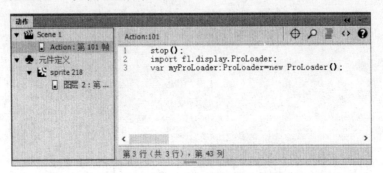

图 8.6　输入两行代码

（4）按下 Enter 键，输入以下代码：

```
One_mc.addEventListener(MouseEvent.CLICK, Onecontent);
function Onecontent(myevent:MouseEvent):void {
    var myURL:URLRequest=new URLRequest("one.swf");
    myProLoader.load(myURL);
    addChild(myProLoader);
}
```

如图 8.7 所示。

图 8.7　输入代码

在这段代码的第一行中，创建了一个鼠标单击"One_mc"对象的侦听器，它是"舞台"上的一个影片剪辑，作为响应，Flash 将会执行 Onecontent 函数。Onecontent 函数在这里有三个作用：第一，它将参考需要加载的文件名来创建一个 URLRequest 对象；第二，将 URLRequest 对象加载到 ProLoader；第三，将 ProLoader 对象添加到舞台上。

（5）在"舞台"上选中第一个影片剪辑《春晓》，如图 8.8 所示。

（6）打开"属性"检查器，在实例名称中将其命名为"One_mc"，如图 8.9 所示。

图 8.8　第一个影片剪辑《春晓》

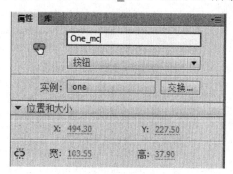

图 8.9　将实例名称命名为"One_mc"

在之前输入的 ActionScript 代码中，已经引用了"One_mc"名称，所以需要给"舞台"上对应的影片剪辑应用该名称。

（7）选择"控制"→"测试影片"→"在 Flash Professional 中"命令或按下 Ctrl+Enter 组合键测试影片，观察目前创建的影片，如图 8.10 所示。

此时，在首页播放完卷轴动画后，单击《春晓》图标，将会加载并播放"One.swf"文件。

图 8.10　测试创建的影片

（8）关闭 demo08.swf 测试影片窗口。

（9）选中"Action"图层的第 101 帧，打开"动作"面板。

（10）打开 Lesson08/模拟文件/Start08 文件夹中的"第 101 帧代码.txt"文件，复制文件中的代码并粘贴到"动作"面板的第 1 个图层第 101 帧已有代码之后（也可以用键盘直接输入"动作"面板，在输入过程中注意在英文状态下输入，标点符号使用"半角"状态），这些代码的作用是创建事件侦听器和侦听响应函数，以便"舞台"上的 4 个影片剪辑都有各自的侦听器，如图 8.11 所示。

所加的代码如下：

```
Two_mc.addEventListener(MouseEvent.CLICK, Twocontent);
function Twocontent(myevent:MouseEvent):void {
    var myURL:URLRequest=new URLRequest("two.swf");
    myProLoader.load(myURL);
    addChild(myProLoader);
}
Three_mc.addEventListener(MouseEvent.CLICK, Threecontent);
function Threecontent(myevent:MouseEvent):void {
    var myURL:URLRequest=new URLRequest("three.swf");
    myProLoader.load(myURL);
    addChild(myProLoader);
}
Four_mc.addEventListener(MouseEvent.CLICK, Fourcontent);
function Fourcontent(myevent:MouseEvent):void {
    var myURL:URLRequest=new URLRequest("four.swf");
    myProLoader.load(myURL);
    addChild(myProLoader);
}
```

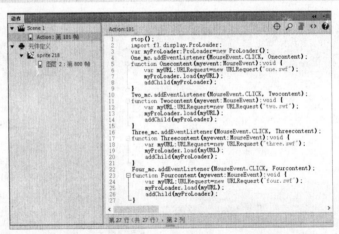

图 8.11　复制文件中的代码到动作面板中

（11）在"舞台"上单击其余 3 个影片剪辑，并在"属性"检查器中为它们命名。为《如梦令》的实例名称命名为"Two_mc"，将《夜雨寄北》的实例名称命名为"Three_mc"，将《题都城南庄》的实例名称命名为"Four_mc"。

8.3　使用代码片断面板

在"动作"面板中除了输入代码外，还可以使用代码片断面板添加代码，以实现各种功能，如本章的加载外部 SWF 或图像文件。使用代码片断面板可以节省时间和精力，但是亲自编写代码确是理解代码的工作原理的唯一途径，并且有助于创建更合理的自定义工程项目。

若想使用代码片断面板，可依照以下步骤。

（1）按 F9 键打开"动作"面板，删除第 1 个图层第 101 帧第 22～27 行的代码，如图 8.12 所示。这样第 4 个诗歌按钮"题都城南庄"的交互功能就被去除了。按下 Ctrl+Enter 组合键测试动画，单击"题都城南庄"按钮时不再有反应。下面通过"代码片断"面板为该按钮继续加上交互功能。

（2）单击"动作"面板右上角的图标 <>，打开"代码片断"面板，展开"加载和卸载"文件夹，如图 8.13 所示。

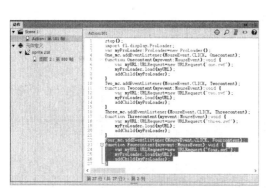

图 8.12　删除代码　　　　　图 8.13　展开"加载和卸载"文件夹

（3）在"舞台"上选中"题都城南庄"影片剪辑。

（4）在文件夹中，选择"单击以加载/卸载 SWF 或图像"选项，单击左上角的"添加到当前帧"图标，或者直接双击该片断即可，如图 8.14 所示。

图 8.14　"添加到当前帧"图标

如果"舞台"上的实例还没有名称，将会出现一个对话框给实例命名。将实例命名为"Four_mc"。

（5）Flash 将会把代码片断添加到"时间轴"上的第 101 帧，而且自动新建了一个图层"Actions"，如图 8.15 所示。

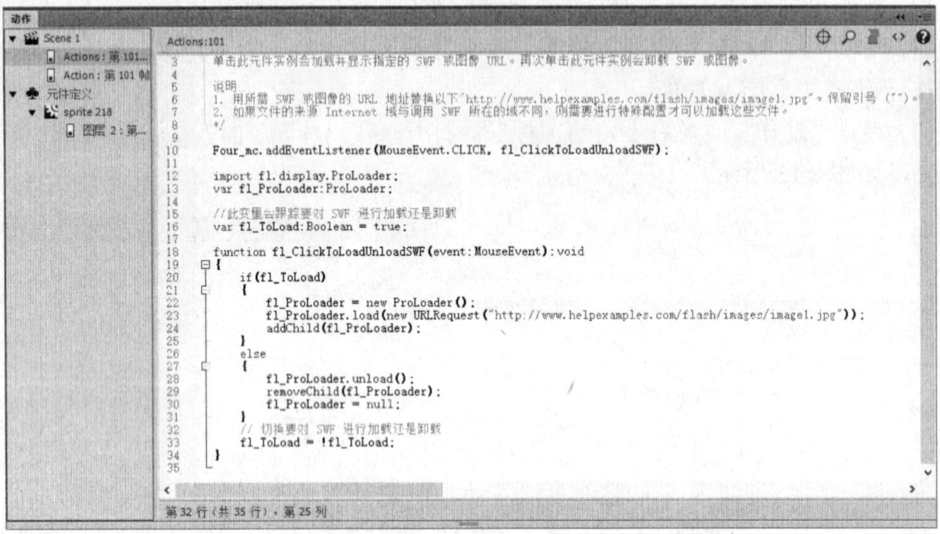

图 8.15　新建一个"Actions"的图层

（6）把第 23 行代码" http://www.helpexamples.com/flash/images/image1.jpg "改为"four.swf"，按下 Ctrl+Enter 组合键测试动画，发现第 4 个诗词按钮又可以交互了。

8.4　删除外部内容

加载了外部的 SWF 文件后，如果想要将其卸载并返回首页，可以通过删除 ProLoader 对象来实现。下面，使用"unload()"命令从"舞台"上将其删除。

（1）选中"动作"图层的第 101 帧，打开"动作"面板。

（2）如图 8.16 所示，在"脚本"窗格中添加以下代码：

```
myProLoader.addEventListener(MouseEvent.CLICK, unloadcontent);
function unloadcontent(myevent:MouseEvent):void {
    removeChild(myProLoader);
}
```

这段代码的主要功能是单击加载的 SWF 文件，然后从舞台上移除这个 SWF 文件。

```
动作:100                                          ⊕ 🔍 ≣ <> ❓
1    import fl.display.ProLoader:
2    var myProLoader:ProLoader=new ProLoader ():
3
4    One_mc. addEventListener (MouseEvent.CLICK, Onecontent):
5    function Onecontent (myevent:MouseEvent):void {
6        var myURL:URLRequest=new URLRequest ("one.swf"):
7        myProLoader. load (myURL):
8        addChild (myProLoader):
9    }
10   Two_mc. addEventListener (MouseEvent.CLICK, Twocontent):
11   function Twocontent (myevent:MouseEvent):void {
12       var myURL:URLRequest=new URLRequest ("two.swf"):
13       myProLoader. load (myURL):
14       addChild (myProLoader):
15   }
16   Three_mc. addEventListener (MouseEvent.CLICK, Threecontent):
17   function Threecontent (myevent:MouseEvent):void {
18       var myURL:URLRequest=new URLRequest ("three.swf"):
19       myProLoader. load (myURL):
20       addChild (myProLoader):
21   }
22   Four_mc. addEventListener (MouseEvent.CLICK, Fourcontent):
23   function Fourcontent (myevent:MouseEvent):void {
24       var myURL:URLRequest=new URLRequest ("four.swf"):
25       myProLoader. load (myURL):
26       addChild (myProLoader):
27   }
28
29   myProLoader. addEventListener (MouseEvent.CLICK, unloadcontent):
30   function unloadcontent (myevent:MouseEvent):void {
31       removeChild (myProLoader):
32   }
33
34
35
第 32 行 (共 37 行)，第 2 列
```

图 8.16　在"脚本"窗格中添加代码

　　这段代码的主要意思是：向名称为"**myProLoader**"的 ProLoader 对象添加一个事件侦听器。单击 ProLoader 对象时，将会执行 unloadcontent 函数。该函数只执行一个动作：从 ProLoader 对象中删除所有加载内容。

　　（3）选择"控制"→"测试影片"→"在 Flash Professional 中"命令，以预览影片的效果。单击这 4 个标题中的任意一个，再单击加载的内容，以便卸载其本身，然后被加载内容遮挡的主页面就又显露出来。

 知识链接

管理重叠内容

　　在本章中，只有一个 ProLoader 对象用于加载和显示某个覆盖整个舞台的外部 SWF 文件。但是，遇到使用多个 ProLoader 对象来加载几个不同的外部文件或图像时，常常需要管理重叠的内容。

　　如何在不同的重叠内容之间切换呢？这就取决于它们在显示列表中的深度等级。显示列表是一个组织所有可见内容的列表，使用索引号（从 0 开始）来管理可见项目的顺序，位于列表上方的项目会遮盖住列表下方的项目。

　　例如，有两个 ProLoader 对象，分别加载一幅图像：

```
Import  fl.display.ProLoader;
var myProLoader1: ProLoader=new ProLoader();
var myProLoader2: ProLoader=new ProLoader();
```

```
var myURL1:URLRequest=new URLRequest("1.jpg");
var myURL2:URLRequest=new URLRequest("2.jpg");
myProLoader1.load(myURL1);
myProLoader2.load(myURL2);
addChild(myProLoader1);
addChild(myProLoader2);
```

Flash 先添加 myProLoader1, 后添加 myProLoader2, 因此 myProLoader2 加载的内容出现在 myProLoader1 的上方, 即 2.jpg 遮盖住 1.jpg。而 myProLoader1 的索引号为 0, myProLoader2 的索引号为 1。

如果要调换两个 ProLoader 对象的重叠顺序, 可以使用 addChildAt()命令, 括号里要有两个自变量, 第一个变量是要放置的对象, 第二个是对应在显示列表中的索引号。将图像 2 换到图像 1 的下方, 可以使用以下代码:

```
addChildAt(myProLoader2,0);
```

该语句添加了 myProLoader2 对象, 索引号为 0, 位于显示列表的最底部。myProLoader1 对象的索引号就会升为 1, 以匹配整个列表。如果该对象名称已经存在于显示列表中, 可以使用以下命令:

```
setChildIndex(myProLoader2,0);
```

另一种替换两个对象堆叠顺序的方法是使用 "swapChildren()" 命令。两对象作为自变量, Flash 就会在显示列表中调换它们的顺序。如 swapChildren(myProLoader1, myProLoader2) 就会调换图像 1 和图像 2 的堆叠顺序。

作业

一、模拟练习

打开 "模拟练习" 文件目录, 选择 "Lesson08" → "Lesson08m.swf" 文件进行浏览播放, 仿照 Lesson08m.swf 文件, 做一个类似的动画。动画资料已完整提供, 保存在素材目录 "Lesson08/模拟练习" 中, 或者从 http:// nclass.infoepoch.net 网站上下载相关资源。

二、自主创意

自主设计一个 Flash 动画, 应用本章所学知识, 使用 ActionScript 加载外部 SWF 文件、控制影片剪辑等知识。也可以把自己完成的作品上传到课程网站上进行交流。

三、理论题

1. 怎样加载外部的 SWF 文件?
2. 加载外部的 SWF 文件有什么好处? 需要注意什么?
3. 怎样删除已加载的 SWF 文件?
4. 如何控制影片剪辑的 "时间轴" ?

5. 怎样加载外部 Flash 内容？

理论题答案：

1. Flash 可以通过帧、按扭、影片剪辑来调用外部文件。使用两个 ActionScript 对象，"Loader"和"URLRequest"。来将指定的 SWF 文件将加载到 Flash 中。

2. 加载外部的 SWF 文件，可以增加 Flash 文件内容的丰富性，同时使得 Flash 文件内容模块化，更易于管理。在加载外部 SWF 文件时，要注意 Flash 主文件必须和要加载的外部文件放在同一个文件夹之中。

3. 想要删除已加载的 SWF 文件，可以使用"removeChild()"命令来完成这一步。添加一个 unloadcontent 函数，把一个侦听器添加到一个 Loader 对象中，单击此对象，就会执行 unloadcontent 函数。当 Flash 文件运行时，点击加载文件的任何区域，即可退出已加载的 SWF 文件。

4. 可以利用 ActionScript 来控制影片剪辑的时间轴。通过实例名称将它们作为目标，在名称后面输入句号，然后在"动作"面板中输入相关的代码，此外，将用到 gotoAndStop、gotoAndPlay、stop 和 play 来导航影片剪辑的"时间轴"及主"时间轴"。

5. 使用 ActionScript 加载外部 Flash 内容。要创建两个对象：一个 Loader 对象和一个 URLRequest 对象。URLRequest 对象指定想要加载的 SWF 文件的文件名和文件位置。要加载文件，可使用"load()"命令把 URLRequest 对象加载进 Loader 对象中，然后使用"addChild()"命令在"舞台"上显示 Loader 对象。

第 9 章
Flash CC 文本制作与编辑

本章学习内容：

1. 创建静态文本、动态文本和输入文本。
2. 复制、粘贴、移动文本及文字的对齐和变形。
3. 调整文本的边距和段落。
4. 改变文本的颜色、样式。
5. 实现文本的超链接、嵌入字体及导入外部文本等操作。
6. 掌握简单的影片剪辑的制作。
7. 学会使用脚本语言来控制按钮的操作。

完成本章的学习需要大约 3 小时，请从素材中将文件夹 Lesson09 复制到你的硬盘中，或从 http://nclass.infoepoch.net 网站下载本课学习内容。

知识点：

由于本书篇幅有限，下面知识点并非在本章中都有涉及或详细讲解，在本书的学习网站上有详细的微视频讲解，欢迎登录学习和下载。

1. 创建文本、文本工具的基本操作、对齐与变形文本、编辑与应用文本，
2. 创建文本特效、文本组件、文本域组件。

本章范例介绍

　　本章案例通过一个人物简介，讲解怎样用 Flash CC 对文本进行操作，由于 Flash CC 取消了 TLF 文本功能，所有只读文本都用静态文本代替，通过设置不同的场景实现文本环绕图片、对文本进行链接、使用外部文本、文本框嵌入字体、用户自行输入等功能，如图 9.1 所示。

图 9.1　人物简介的动画效果

9.1　预览完成的动画并开始制作

　　（1）首先打开已制作完成的动画作品。双击 Lesson09/范例文件/Complete09 文件夹中的"complete09.swf"文件，以播放动画，如图 9.2 所示。完成的项目是关于人物简介内容。

图 9.2　播放动画

（2）关闭"complete09.swf"文件。

（3）双击打开"Lesson09/范例文件/Start09"文件夹中的"start09.fla"文件，界面共有 5 个按钮："生平"、"童话"、"小说"、"戏剧"和"返回主页"，它们分别控制场景 2、3、4、5、1。这 5 个按钮使用了"addEventListener( )"鼠标单击侦听代码。本章要求继续运用"文本工具"完成场景 2、3、4 和 5 的制作，如图 9.3 所示。

图 9.3　制作场景的"舞台"

（4）选择"场景 2"，舞台上已经包括了一些用于划分空间的简单设计元素，并且已经在"库"面板中创建和储存了所需要的资源。

（5）选择"文件"→"另存为"命令，把文件命名为"demo09.fla"，并保存在"Start09"文件夹中。保存文件副本可以保证原始文件不被损坏，在新的文件上进行操作，重复使用原始文件。

了解文本

Flash CC 取消了 Flash CS6 中的 TLF 文本，其文本类型分为静态文本、动态文本和输入文本，如图 9.4 所示。

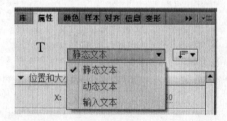

图 9.4　"属性"面板中的文本类型

（1）静态文本：在动画运行期间是不可以编辑修改的，它是一种普通文本。

（2）动态文本：是一种比较特殊的文本，在动画运行的过程中可以通过"ActionScript"脚本进行编辑修改。

（3）输入文本：可以编辑输入文字。

9.3　添加文本

使用"工具"面板中的"文本工具"添加一些简单的文本到"舞台"上。在添加文本时，无论是"静态文本"、"动态文本"还是"输入文本"都是可编辑的，因此，在创建文本之后，随时可以修改它的任何属性，如颜色、字体、字号或对齐方式等。

可以分离文本（选择"修改"→"分离"命令）把每个字母都转换为单独的绘制对象，从而可以修改其笔触和填充。一旦进行分离，文本将变成"绘制对象"，而不能再作为文本进行编辑。

与其他 Flash 元素一样，最好把文本分隔在它自己的图层上，以保持图层组织的合理性，使文本具有自己独立的图层，可以很容易地选取、移动或编辑文本，而不会干扰它上面或下面图层中的项目。

1．添加标题

（1）首先选择"场景 2"，在"buttons"图层上新建一个"text"图层，并选择"文本"工具。

（2）在"属性"面板中，选择"文本"类型为"静态文本"，展开"字符"栏将"系列"设为"黑体"，"大小"设为 18 磅、"颜色"设为黑色，如图 9.5 所示。

如果计算机上没有提供"黑体"，可自行选择字体。

（3）选择"舞台"的左上角"文本"工具开始添加文本。首先建一个文本框并把场景 2 的文字素材第一段的文字粘贴进去，再按同样的方法建两个文本框并把后两段的文字粘贴进去，注意文本框之间的排版，粘贴文字进去之后需要对文本框进行调整，拖动文本框四周的句柄可以进行横向或纵向的拉伸。最终完成的效果如图 9.6 所示。

图 9.5　"属性"面板

图 9.6　"场景 2"最终完成的效果

（4）在"属性"面板中，可对各个文本框进行定位，如把左上边的文本框定位设置"X"为"121.05"，"Y"为"56"。文本的定位点位于文本框的左上角，位置可适当做出调整，其他边框可自行设置定位，如图 9.7 所示。

2．修改字符

可以使用"属性"面板中的"字符"栏修改文本的格式，"段落"栏还可以设置段落的对齐格式及段落间距和边距。这时需要把"场景 2"中的文字行距设为"5.8"，以保持每行之间的间距不至于太过拥挤而保证美观性，如图 9.8 所示。

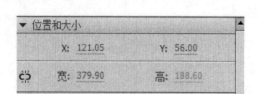

图 9.7　文本框的定位设置

图 9.8　"属性"面板中的"字符"栏和"段落"栏

　创建"myclass1photos"的幻灯片的影片剪辑的制作方法

（1）选择"插入"→"新建元件"命令。

（2）设置"名称"为"myclass1photos"，"类型"为"影片剪辑"，单击"确定"按钮。

（3）新建 4 个图层，同时选择第 85 帧，按 F5 键延长帧，如图 9.9 所示。

图 9.9　4 个图层同时选择第 85 帧

（4）选择"图层 1"的第 1 帧，从"库"面板中拖出图片"1.img"到"舞台"上，如图 9.10 所示。

选中拖入"舞台"的图片，选择"修改"→"转换为元件"命令，在弹出的对话框中选择"类型"为"影片剪辑"，然后单击"确定"按钮。将其转换为影片剪辑元件，这样才能对它们进行透明度的调节。

（5）选择"图层 2"中的第 12 帧。按 F6 键插入关键帧并从"库"面板中拖出"photos"文件夹中的图片"2.img"，将其转换为影片剪辑元件。按同样的方法把图片"3.img"和图片"4.img"拖到舞台上，并将它们转换为影片剪辑元件。要保证这 4 张图的大小相同，所在位置相同，能完全重叠。图 9.11 所示的是这 4 张图片的属性设置。

（6）右击图片，在弹出的快捷菜单中选择"创建补间动画"命令。选择第 12 帧，在"属性"面板中展开"色彩效果"栏选择"样式"为"Alpha"选项，将参数设为"0%"，如图 9.12 所示。选择"图层 2"的第 20 帧，在"色彩效果"栏选择"样式"为"Alpha"选项，参数设为"100%"，如图 9.13 所示。

图 9.10　从"库"面板中拖出图片"1.img"

图 9.11　4 张图片的属性设置

图 9.12　第 12 帧的"色彩效果"设置

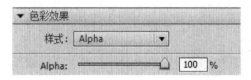

图 9.13　第 20 帧的"色彩效果"设置

（7）选择"图层 3"的第 34 帧，按 F6 键添加关键帧（若图层 3 显示锁着，将其解锁），把"photos"文件夹中图片"3.img"拖到"舞台"上，保证完全覆盖前面的图片。右击图片，在弹出的快捷菜单中选择"创建补间动画"命令，如图 9.14 所示。在第 34 帧将"Alpha"参数设置为"0%"，将播放头移到第 42 帧，在"属性"面板中将"Alpha"参数设置为"100%"。

（8）选择"图层 4"的 52 帧，按 F6 键添加关键帧（若图层 4 显示锁着，将其解锁），把"photos"文件夹中图片 4.img 拖曳到舞台上,右击图片,在弹出的快捷菜单中选择"创建补间动画"命令。在第 52 帧将"Alpha"参数设置为"0%",在 60 帧将"Alpha"参数设置为"100%"。

以上完成了"myclass1photos"影片剪辑元件的制作,把 myclass1photos 元件从"库"面板中拖到场景 2"舞台"中,选择"任意变形"工具同时按住 Shift 键可以适当调整其大小。

"myclass2photos"影片剪辑元件制作方法与"myclass1photos"相似,start 素材中已经给出了完成了的,所以不需要再制作。

图 9.14 选择"创建补间动画"命令

9.5 添加超链接

奥斯卡·王尔德生平简介中可能有的人物或事件、地点不清楚,为这些文本添加超链接,可以单击它,并被指引到带有额外信息的 Web 站点。把超链接添加到文本很容易,而且不需要任何 HTML 或者 ActionScript 编码。

(1)双击"舞台"上左下角的"文本框",并选取文字"马哈菲",如图 9.15 所示。

(2)在"属性"面板中的"选项"栏中,为链接输入"http://www.baidu.com",并在"目标"下拉列表中选择"_blank"选项。

此时文本框中选中的文字将添加下画线,指示对它建立了超链接。

图 9.15 选取文字"马哈菲"

Web 地址是虚拟地址,确保在任何 URL 前包含协议"http://",以便在 Web 上选择一个站点。"目标"选项确定在哪里加载 Web 站点。"_blank"目标是指在空白浏览器窗口中加载 Web 站点。"_self"目标将在同一个浏览器中加载 URL,从而接管 Flash 影片。"_top"

和 "_parent" 目标指框架的安置方式，并在相对于当前的框架的特定框架中加载 URL。

（3）选取文字 "马哈菲"，然后在 "属性" 面板中的 "字符" 栏中，把 "颜色" 改为 "蓝色"，如图 9.16 所示。

所选的文字将变成蓝色并保留下画线，这是浏览器中的超链接项目的标准可视化提示。不过，可以以任何方式自由地显示超链接，只要用户把它识别为可单击的项目即可。

图 9.16　"马哈菲" 颜色变为蓝色

（4）选择 "控制" → "测试影片" → "在 Flash Professional 中" 命令，测试影片。单击超链接，浏览器将打开并尝试加载 "www.baidu.com" 上的虚拟 Web 站点。

9.6　创建垂直文本

选择 "场景 4"。"舞台" 上已经包含了一些文字及简单的设计元素，并且在 "库" 面板中已经创建和储存了所需资源。

（1）新建 "text" 图层，然后选择 "文本" 工具。

（2）展开 "改变文本方向" 下拉列表框，选择 "垂直" 选项，如图 9.17 所示。

（3）在 "属性" 面板中选择 "文本" 类型为 "静态文本"，设置 "系列" 为 "黑体"，"样式" 为 "Regular"，"大小" 为 "27" 磅，"颜色" 为黑色。"缩进间距" 为 "10"，"行距" 为 "5"，如图 9.18 所示。

（4）单击 "舞台" 左上方的 "文本" 工具，输入标题文字 "《道林格雷的画像》"。然后单击 "选择" 工具，退出 "文本" 工具。

图 9.17　选择 "垂直" 选项

（5）选择 "文本" 工具（在 "属性" 面板中把文字方向从垂直改为水平），在 "舞台" 右侧右击，在弹出的快捷菜单中选择 "粘贴" 命令把素材文本中的文字粘贴进来。调整文本框后选择文字，在"属性"面板中把"大小"调整为"18"，"缩进间距"调整为"40"，"行距"调整为"5"，如图 9.19 所示。

最后完成的效果如图 9.20 所示。

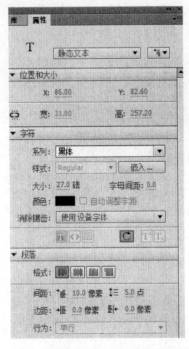

图 9.18　"属性"面板中的设置

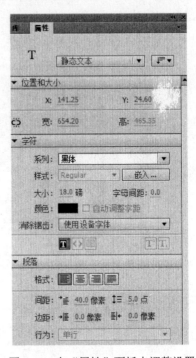

图 9.19　在"属性"面板中调整设置

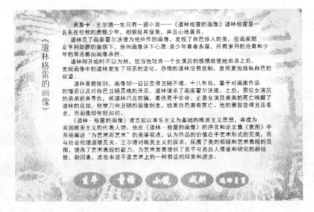

图 9.20　最终效果

9.7　创建可输入文本框

接下来在"场景 5"中创建文本框，它接受用户通过键盘输入的内容。用户输入的文本可用于创建复杂的自定义交互，从用户那里收集信息，并且基于此信息定制 Flash 影片。

例如，要求输入登录名和密码及注册信息的应用程序、调查及论坛等。

（1）选择"场景 5"，舞台上已经包括一些用于划分空间的简单设计元素，并且已经在"库"面板中创建和储存了所需资源，如图 9.21 所示。

对关于王尔德戏剧的两道题添加"可输入"文本框，以便用户可以输入答案。

（2）新建"text 文本框"图层，如图 9.22 所示。

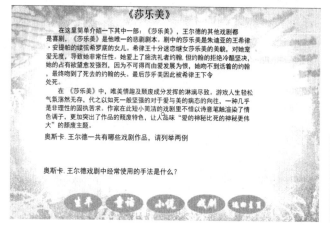

图 9.21　"舞台"界面

图 9.22　新建"text 文本框"图层

（3）选择"文本"工具。

（4）在"属性"面板中，设置"文本"类型为"输入文本"。

（5）在第 1 个问题"奥斯卡·王尔德一共有哪些戏剧作品，请列举两例。"下面单击并拖出一个小文本框，如图 9.23 所示。

（6）在"属性"面板中的"字符"栏中选择"系列"为黑体，"大小"为"18"，"颜色"为黑色，并选择"在文本周围显示边框"为文本添加边框。

复制文本框到第 2 个问题的下面，并为两个文本框在"属性"面板中命名，可以为两个文本框命名为同样的名字，如图 9.24 所示。

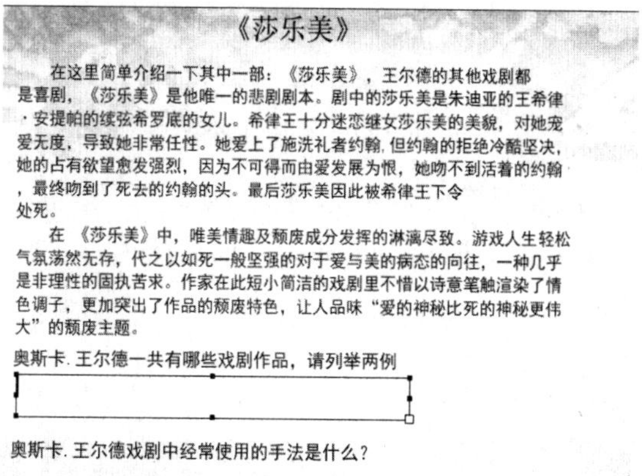

图 9.23　拖出一个小文本框

图 9.24　为两个文本框命名

注意： 在 Flash CC 中，没有了 Flash CS6 中的 TLF 文本，运用可输入文本代替可编辑文本，必须为其在"属性"面板中命名才能正常使用，名称可任意取，但最好使用英文字母。

 运用代码片断添加"答案"按钮交互

（1）选择"buttons"图层的第 1 帧，将"answer_btn"按钮从"库"面板中拖曳到舞台上并调整大小，如图 9.25 所示。

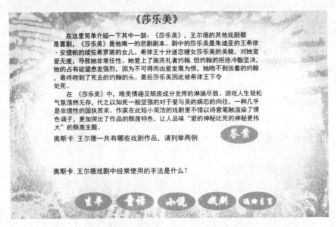

图 9.25　拖曳"answer_btn"按钮到舞台上并调整大小

（2）设置按钮的实例名称为"answer_btn"，如图 9.26 所示。

（3）选择"text"图层，在它上面新建图层"answers"，如图 9.27 所示。

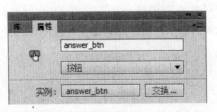

图 9.26　设置按钮的实例名称

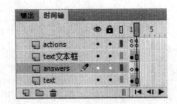

图 9.27　新建"answers"图层

（4）选择"answers"图层的第 2 帧，按 F6 键添加关键帧，把"answers"按钮从"库"面板中拖曳到舞台上，同时把图层"text 文本框"拖到"answers"图层的下方，如图 9.28 所示。

（5）把按钮实例名称设置为"answer"，如图 9.29 所示。

（6）打开"代码片断"面板（选择"窗口"→"代码片断"命令），打开"ActionScript"→"时间轴导航"文件夹。

（7）单击名为"answer_btn"的按钮，双击"单击以转到帧并停止"代码片断，如图 9.30 所示。

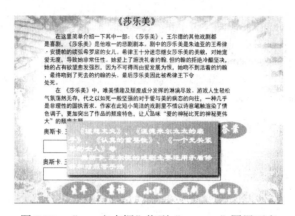

图 9.28　"text 文本框"拖到"answers"图层下方

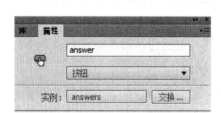

图 9.29　按钮实例命名为"answer"

图 9.30　"单击以转到帧并停止"代码片断

此时在"动作"面板（选择"窗口"→"动作"命令）中会出现如图 9.31 所示的代码片断（在"actions"图层的第 1 帧）。

图 9.31　"actions"图层第 1 帧的代码片断

系统默认的代码是"gotoAndStop（5）"，现在要将"5"改成"2"，因此代码如下：

```
    answer_btn.addEventListener(MouseEvent.CLICK,fl_ClickToGoToAndStopAtF
rame);
    Function fl_ClickToGoToAndStopAtFrame(event:MouseEvent):void
    {
        gotoAndStop(2);
    }
```

如图 9.32 所示。

```
33
34  /* Click to Go to Frame and Stop
35  Clicking on the specified symbol instance moves the playhead to the specified frame in the t
36  Can be used on the main timeline or on movie clip timelines.
37
38  Instructions:
39  1. Replace the number 5 in the code below with the frame number you would like the playhead t
40  */
41
42  answer_btn.addEventListener(MouseEvent.CLICK, fl_ClickToGoToAndStopAtFrame):
43
44  function fl_ClickToGoToAndStopAtFrame(event:MouseEvent):void
45  {
46      gotoAndStop(2):
47  }
48
```
第 46 行 (共 48 行), 第 18 列

图 9.32 修改第 1 帧默认的代码

9.9 运用代码片断添加 "答案提示面板" 返回代码

（1）选择舞台上的实例名为 "answers" 的按钮，双击 "代码片断" 面板中的 "ActionScript"
→ "时间轴导航" → "单击以转到帧并停止" 条目。

（2）此时在 "动作" 面板（选择 "窗口" → "动作" 命令）中会出现如图 9.33 所示的
代码片断（在 "actions" 图层的第 2 帧）。

```
动作
actions:2
1
2   /*单击以转到帧并停止
3   单击指定的元件实例会将播放头移动到时间轴中的指定帧并停止影片。
4   可在主时间轴或影片剪辑时间轴上使用。
5
6   说明:
7   1. 单击元件实例时，用希望播放头移动到的帧编号替换以下代码中的数字 5。
8   */
9
10  answer.addEventListener(MouseEvent.CLICK, fl_ClickToGoToAndStopAtFrame_2):
11
12  function fl_ClickToGoToAndStopAtFrame_2(event:MouseEvent):void
13  {
14      gotoAndStop(5):
15  }
16
英
```

图 9.33 在 "actions" 图层的第 2 帧的代码片段

将 "5" 改为 "1" 后的代码如下：

```
    answer.addEventListener(MouseEvent.CLICK, fl_ClickToGoToAndStopAtFrame_1);
    function fl_ClickToGoToAndStopAtFrame_1(event:MouseEvent):void
    {
        gotoAndStop(1);
    }
```

如图 9.34 所示。

图 9.34　修改第 2 帧的默认代码

注意：要想运用代码片断就必须给相应的元件设置实例名称，并且要先选中它后才能执行想要的代码。

9.10　嵌入字体

由于在不同的用户环境中打开同一个 Flash 源文件时不能保证使用设计时设置的字体，例如，在 Flash CS6 中制作的 Flash 文件不能正确地在 Flash CC 中打开，会弹出一个提示字体的提示对话框，即 Flash CC 中无法找到 Flash CS6 中设计时指定的字体，要求用其他字体来替换，因此为了解决这一问题，需要进行嵌入字体的操作。下面以"场景 5"中问题回答的字体为例，介绍嵌入字体的操作步骤。

（1）选择"场景 5"中第 1 个问题下面的"回答框"，如图 9.35 所示。

（2）在"属性"面板的"字符"栏中，单击"嵌入"按钮，如图 9.36 所示，或选择"文本"→"字体嵌入"命令，将出现"字体嵌入"对话框。在"字符范围"区域中，选择"数字"复选框，如图 9.37 所示。

图 9.35　选择第 1 个问题的"回答框"

图 9.36　"属性"面板

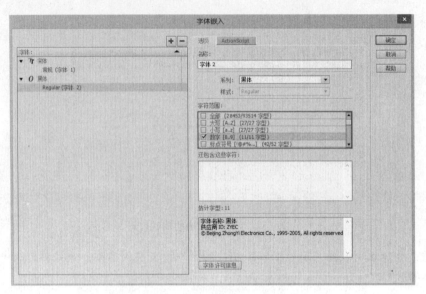

图 9.37 "字体嵌入"对话框

当前字体（黑体）的所有数字字符都将包括在发布的 SWF 文件中，单击"确定"按钮。

嵌入字体将增加最终的 SWF 文件的大小，因此这样做时要谨慎，并且尽可能地限制字体和字符的数量。

 # 9.11 加载外部文件

有时候需要从外部文件中加载文本。如 Flash 动态网页的设计、用户交互时的需求等，下面将"场景 3"文本框在运行 SWF 文件时加载出来。

1. 命名文本

要在该文本框中加载外部文件，首先需要给文本框提供实例名称，以便可以在 ActionScript 中引用它们。读者需要为"场景 3"中的两个文本框提供实例名称。

注意：Flash CS6 中使用的是链接文本框，只需要为第一个文本框命名实例名称，文本导入时会从第一个文本框导入，溢出的会直接导入到第二个文本框，而 Flash CC 是两个单独的文本框，因此要为其单独命名，分别进行导入，才能在两个文本框中都能显示文本，并且两个文本框必须设置为"动态文本"。

（1）选取"场景 3"中的第 1 个文本框，如图 9.38 所示。

（2）在"属性"面板中，将实例命名为"a_txt1"，如图 9.39 所示。

（3）在舞台上选取第 2 个文本框，如图 9.40 所示。

（4）在"属性"面板中，将实例命名为"a_txt2"，如图 9.41 所示。

图 9.38 选择第 1 个文本框

图 9.39 命名第 1 个文本框中的实例

图 9.40 选择第 2 个文本框

图 9.41 命名第 2 个文本框中的实例

2. 加载和显示外部文本

现在"场景 3"中的文本框是空白的，通过加载外部文本来填充它，文本需要的信息保存在"09start"文件夹中"neirong1.txt"和"neirong2.txt"文件中。需要向影片中添加 ActionScript 代码，用于从这些文本中加载信息。

（1）打开"09start"文件夹中的名为"neirong1.txt"文件。该文件中包含王尔德童话简介的内容，如图 9.42 所示。

（2）选择"窗口"→"代码片断"命令，打开"代码片断"面板。展开"加载和卸载"文件夹，并且双击"加载外部文本"选项，如图 9.43 所示，这里需要自定义一些代码，适应于这个特定的项目。

图 9.42 王尔德童话简介

图 9.43 "代码片断"面板

（3）用"neirong1.txt"替换代码片断中的第 78 行中的 URL（文件名上加双引号），如图 9.44 所示。

```
var fl_TextLoader:URLLoader = new URLLoader();
var fl_TextURLRequest:URLRequest = new URLRequest("neirong1.txt");
```

图 9.44　用"neirong1.txt"替换第 78 行中的 URL

（4）用以下代码替换代码片断第 85 行的 trace 命令，把新文本命名为"a_txt1"的文本框，即 a_txt1.text=textData，如图 9.45 所示。

```
function fl_CompleteHandler(event:Event):void
{
    var textData:String = new String(fl_TextLoader.data);
    a_txt1.text=textData;
}
```

图 9.45　给新文本命名

这样，运行时将在名为"a_txt1"的文本框中显示文件"neirong1.txt"的内容。

（5）选择"actions"图层第 1 帧，打开"动作"面板，复制 1 份加载外部文件"neirong1.txt"的代码，如图 9.46 所示。

（6）修改复制的代码，修改结果如图 9.47 所示。

```
76
77    var fl_TextLoader:URLLoader = new URLLoader();
78    var fl_TextURLRequest:URLRequest = new URLRequest("neirong1.txt");
79
80    fl_TextLoader.addEventListener(Event.COMPLETE, fl_CompleteHandler);
81
82    function fl_CompleteHandler(event:Event):void
83    {
84        var textData:String = new String(fl_TextLoader.data);
85        a_txt1.text=textData;
86    }
87
88    fl_TextLoader.load(fl_TextURLRequest);
89
90    var fl_TextLoader:URLLoader = new URLLoader();
91    var fl_TextURLRequest:URLRequest = new URLRequest("neirong1.txt");
92
93    fl_TextLoader.addEventListener(Event.COMPLETE, fl_CompleteHandler);
94
95    function fl_CompleteHandler(event:Event):void
96    {
97        var textData:String = new String(fl_TextLoader.data);
98        a_txt1.text=textData;
99    }
100
```

第 102 行（共 103 行），第 1 列

图 9.46　复制加载外部文件的代码

```
var fl_TextLoader:URLLoader = new URLLoader();
var fl_TextURLRequest:URLRequest = new URLRequest("neirong1.txt");

fl_TextLoader.load(fl_TextURLRequest);
fl_TextLoader.addEventListener(Event.COMPLETE, fl_CompleteHandler);

function fl_CompleteHandler(event:Event):void
{
    var textData:String = new String(fl_TextLoader.data);
    a_txt1.text=textData;
}

var f2_TextLoader:URLLoader = new URLLoader();
var f2_TextURLRequest:URLRequest = new URLRequest("neirong2.txt");
f2_TextLoader.load(f2_TextURLRequest);

f2_TextLoader.addEventListener(Event.COMPLETE, f2_CompleteHandler);

function f2_CompleteHandler(event:Event):void
{
    var textData:String = new String(f2_TextLoader.data);
    a_txt2.text=textData;
}
```

9 行（共 67 行），第 55 列

图 9.47　修改代码后的结果

（7）选择"控制"→"测试影片"→"在 Flash Professional 中"命令，Flash 将加载这两个外部文本文件，并在目标文本框中显示这两个文本文件的内容，如图 9.48 所示。

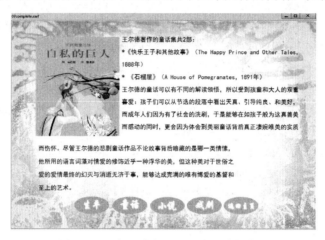

图 9.48　目标文本框显示文本文件的内容

可以看到，外部文件内容将显示在"舞台"上。许多专业的 Flash 项目依赖于外部资源（如文本文件）提供的动态内容。如果运行出现错误，可按照"09complete"文件源代码进行修改后再运行，直到能正确运行为止。

作业

一、模拟练习

打开"模拟练习"文件目录，选择"Lesson09"→"Lesson09m.swf"文件进行浏览播放，仿照 Lesson09m.swf 文件，做一个类似的动画。动画资料已完整提供，保存在素材目录"Lesson09/模拟练习"中，或者从 http:// nclass.infoepoch.net 网站上下载相关资源。

二、自主创意

自主设计一个 Flash 动画，应用本章所学的静、动态文本、输入文本、文本样式和格式设置、影片剪辑的制作、按钮的交互、导入外部文件和嵌入字体等知识。也可以把自己完成的作品上传到课程网站上进行交流。

三、理论题

1. 什么是可输入文本？怎样进行操作？
2. 如何执行嵌入字体操作？
3. 导入外部文本时怎样进行分别导入？
4. 怎样进行文本的超链接？

理论题答案:

1. Flash CC 的可输入文本类似于 Flash CS6 中的 TLF 文本可编辑样式, 它可以对文本进行编辑, 但不同的是, Flash CC 的可输入文本必须为其命名实例名称才能进行编辑。

2. 选择"文本"→"字体嵌入"命令, 在弹出的"字体嵌入"对话框中, 可以选择在 Flash 影片嵌入的字体样式。

3. 导入外部文本, 首先要建立两个文本框, 且必须选择动态文本, 分别为它们命名实例名称。选择"窗口"→"代码片断"命令, 打开"代码片断"面板, 展开"加载和卸载"文件夹, 双击"加载外部文本"选项, 同时, 需要自定义一些代码, 适应于这个特定的项目, 由于两个文本是彼此独立的文本框, 所以代码需要一些细微的改动, 详细代码在本书步骤中已有说明。这样在运行 SWF 文件时就可以看到加载的外部文本了。

4. 选择要超链接的文本, 在"属性"面板的"高级字符"栏中, 为链接输入 URL, 确保在任何 URL 前包含协议"http: //", 并在"目标"下拉菜单中选择"_blank"选项, 这样就可对文本进行超链接了。

第 10 章
发布到 HTML5

本章学习内容：

1. 在浏览器中预览 HTML5 动画。
2. 修改 HTML5 发布设置。
3. 理解 HTML5 输出文件。
4. 在 Flash 的"时间轴"中插入 JavaScript 代码。

完成本章的学习需要大约 2 小时，请从素材中将文件夹 Lesson10 复制到你的硬盘中，或从 http://nclass.infoepoch.net 网站下载本课学习内容。

知识点：

由于本书篇幅有限，下面知识点并非在本章中都有涉及或详细讲解，在本书的学习网站（http://nclass.infoepoch.net）上有详细的学习资料和微视频讲解，欢迎登录学习和下载。

了解 HTML5、导出到 HTML5，理解输出文件，HTML5 发布设置、使用 JavaScript。

本章范例介绍

本章是一个蝴蝶飞舞的动画案例，练习使用 Flash Professional CC 中的 HTML5 发布功能和加载外部 HTML5 文件。在实例中首先确定蝴蝶翅膀扇动的位置，然后利用传统补间动画制作蝴蝶翅膀扇动的动画效果，如图 10.1 所示。

图 10.1　蝴蝶翅膀扇动的动画效果

开始

（1）双击 Lesson10/范例文件/Complete10 文件夹中的 Complete10.html 文件，以播放动画，如图 10.1 所示。该文件是一只蝴蝶在风中飞舞的简单动画。

（2）右击动画的任意部分，弹出如图 10.2 所示的快捷菜单。

图 10.2　快捷菜单

从出现的菜单可以得知，该动画是 HTML5 的内容，而不是 Flash。在 Flash Professional CC 中创建的图像和动画，已经发布为 HTML，以便在没有 Flash Player 时回放。该动画也可以在桌面浏览器、平板电脑或手机设备上播放。

（3）关闭 complete10.html 文件，退出浏览器。

（4）双击 Lesson10/10Start 文件夹中的 10Start.fla 初始文件，以便在 Flash 中打开该文件，如图 10.3 所示。

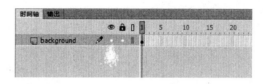

图 10.3　打开文件

（5）此时的 Flash 初始文件已经包含了蝴蝶飞舞动画各种所需的资源，蝴蝶飞舞动画的背景实例也已经位于"舞台"上。在本章中，将会添加蝴蝶翅膀扇动的动画及蝴蝶在空中飞舞的动画，这些动画都需要利用传统补间实现。最后将动画作为 HTML5 内容发布。

（6）选择"文件"→"另存为"命令，将文件命名为"Demo10 .fla"，并保存在 Start10 文件夹中。保存备份，以便可以在需要时从头开始处理原始文件。

使用传统补间

在本节中，将通过使用传统补间来实现蝴蝶飞舞的效果。

传统补间是一种创建动画的老方法，它和补间动画非常相似。传统补间动画使用的也是元件实例。两个关键帧之间的元件实例如果发生变化，可插入这种变化以创建动画；还可以修改实例的位置，将其旋转、缩放和变换，并对其使用色彩效果或滤镜效果。

传统补间和补间动画的关键不同之处是：传统补间需要一个独立的动作向导图层，以便沿着某个路径创建动画；传统补间不支持 3D 旋转或变换；传统补间的各个补间图层并不是相互独立的，但是传统补间和补间动画都受到了一样的限制，那就是其他的对象不能出现在同一个补间图层上；传统补间是基于"时间轴"的，而不是基于对象的，这说明需要添加、移动或替换"时间轴"上的补间或实例，而不是对"舞台"上的补间或实例进行操作。

1．制作蝴蝶翅膀扇动的效果

蝴蝶动画已经完成一部分了。下面，将要把蝴蝶翅膀通过传统补间来实现扇动的效果。

（1）打开"库"面板中的"butterfly"文件夹，如图 10.4 所示。

（2）双击进入 wing-animated 元件。 这时，Flash 将进入 wing-animated 影片剪辑文件模式。注意到"时间轴"上有一个"wa1"图层，包含了蝴蝶的翅膀。现在来做蝴蝶翅膀扇动的动画。

（3）第 1 个关键帧显示翅膀，然后选中第 5 帧，并按 F6 键插入关键帧，单击"工具栏"中的"任意变形"工具，适当调整蝴蝶翅膀的形状；同第 5 帧的做法，依次在第 10 帧、第 15 帧、第 20 帧插入关键帧，如图 10.5 所示。

图 10.4　"库"面板

图 10.5　在时间轴上插入关键帧

（4）选择"控制"→"循环播放"命令以激活循环功能。

（5）选择"控制"→"播放"命令，或者单击"时间轴"底部的"播放"按钮，此时影片剪辑元件内部的动画开始播放。蝴蝶翅膀会上下扇动。

（6）停止播放。

（7）返回"场景 1"。

2．应用传统补间

下面把传统补间应用于"时间轴"上的两个关键帧之间。

（1）打开"wing-animated"元件，右击或按住 Ctrl 键单击第 1 个和第 5 个关键帧之间的任意一帧，从出现的菜单中选择"创建传统补间"命令，如图 10.6 所示。

这时，Flash 将会在第 1 个和第 5 个关键帧之间创建传统补间，之后的第 5 个和第 10 个，第 10 个和第 15 个，第 15 个和第 20 个关键帧之间也通过相同方法创建传统补间。在"时间轴"面板中用一个蓝色背景下的箭头表示，如图 10.7 所示。

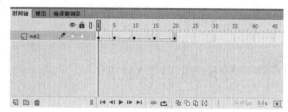

图 10.6　选择"创建传统补间"命令　　　图 10.7　蓝色背景下的箭头表示传统补间

（2）按 Enter 键或单击"时间轴"下方的"播放"按钮来预览动画效果。

3．修改蝴蝶翅膀实例

下面，将对蝴蝶的翅膀进行一个变形操作，使之扇动起来更加形象。

（1）新建一个影片剪辑元件，命名为"butterfly"。

（2）进入元件内部，新建 3 个图层，分别命名为"body"、"wing-animated"和"wing-animated"，然后将相应的元件拖到舞台上。

（3）选择"任意变形"工具，并选中其中一个"wing-animated"元件。此时，将在蝴蝶翅膀周围出现控制点。

（4）逆时针轻微旋转蝴蝶翅膀，以便蝴蝶翅膀的根部与蝴蝶的"body"拼接上。也可以使用变换面板选择"窗口"→"变换"命令或者"Ctrl+T"组合键），如图 10.8 所示。

图 10.8　逆时针旋转蝴蝶翅膀

4．修补主场景动画

现在主场景时间轴上只有 1 个图层"background"，包含背景图层的所有动画。

（1）在"background"图层上方新建图层并命名为"butterfly"。将"库"面板中的"butterfly"元件拖到"舞台"上。

（2）为蝴蝶创建传统补间动画。在"butterfly"图层的第 30 帧、第 60 帧按下 F6 键插入关键帧，调整蝴蝶的位置，使蝴蝶能从舞台左侧飞到右侧。然后在第 61 帧插入关键帧，选中蝴蝶实例，在菜单栏中选择"修改"→"变形"命令，在弹出的菜单中选择"水平翻转"选项，改变蝴蝶的飞行方向，使它从舞台右侧重新飞往左侧。

（3）在"butterfly"图层上方，新建图层并命名为"zi"，然后将"库"面板中"background"文件夹下的"zi"影片剪辑元件拖到"舞台"上并摆放到相应的位置。

（4）测试影片。影片会在浏览器中发布。

导出到 HTML5

将创建的动画导出到 HTML5 和 JavaScript 的过程非常简单，可以在菜单栏中选择"控制"→"测试影片"→"在浏览器中"选项。

注意：如果动画创建的不是 HTML5 格式的，会在测试影片中看到"在 Flash Professional 中"和"在浏览器中"两个选项。如果创建的是 HTML5 格式的动画，则只出现"在浏览器中"选项。要创建 HTML5 格式动画，单击菜单栏中的"文件"→"新建"命令，在弹出的"新建文档"对话框中选择"HTML5 Canvas"选项，单击"确定"按钮，如图 10.9 所示。

图 10.9 "新建文档"对话框

1. 理解输出文件

默认设置会创建两个文件，一个是包含驱动动画代码的 JavaScript 文件，另一个则是可以在浏览器中显示动画的 HTML 文件。这两个文件将会发布在 Flash 文件所在的同一个文件夹中，如图 10.10 所示。

图 10.10 两个文件在同一个文件夹中

（1）在"文本编辑器"（如 Dreamweaver）中，打开"complete10.html"文件，如图 10.11

所示。

（2）在"文本编辑器"（如 Dreamweaver）中，打开名为"complete10.js"的 JavaScript
文件。

这里的代码使用了 CreateJS JavaScript 库，从而包含了所有用于创建图像和动作的信息。
浏览代码可以发现，这里包含了动画内容中所有的指定数值和坐标，如图 10.12 所示。

```html
1   <!DOCTYPE html>
2   <html>
3   <head>
4   <meta charset="UTF-8">
5   <title>butterflyhtmlEnd</title>
6
7   <script src="http://code.createjs.com/easeljs-0.8.1.min.js"></script>
8   <script src="http://code.createjs.com/tweenjs-0.6.1.min.js"></script>
9   <script src="http://code.createjs.com/movieclip-0.8.1.min.js"></script>
10  <script src="http://code.createjs.com/preloadjs-0.6.1.min.js"></script>
11  <script src="butterflyhtmlEnd.js"></script>
12
13  <script>
14  var canvas, stage, exportRoot;
15
16  function init() {
17      canvas = document.getElementById("canvas");
18      images = images||{};
19
20      var loader = new createjs.LoadQueue(false);
21      loader.addEventListener("fileload", handleFileLoad);
22      loader.addEventListener("complete", handleComplete);
23      loader.loadManifest(lib.properties.manifest);
24  }
```

```javascript
1   (function (lib, img, cjs, ss) {
2
3   var p; // shortcut to reference prototypes
4
5   // library properties:
6   lib.properties = {
7       width: 744,
8       height: 544,
9       fps: 24,
10      color: "#FFFFFF",
11      manifest: [
12          {src:"images/绿色生态文字_.png", id:"绿色生态文字"}
13      ]
14  };
15
```

图 10.11　"complete10.html"文件　　　　图 10.12　"complete10.js"文件

2. 发布设置

通过"文件"→"发布设置"命令可以修改发布文件所在的位置和发布方式。

（1）选择"文件"→"发布设置"命令，打开"发布设置"面板，如图 10.13 所示。

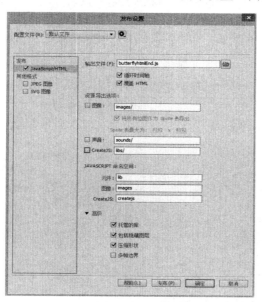

图 10.13　"发布设置"面板

（2）单击"输出文件"后面的按钮以将发布文件保存到指定的文件夹中。

（3）如果想要将资源保存到其他文件夹，可以修改资源路径。如果文件中包含图像，需要在"资源导出选项"选项区域中选择"图像"复选框；如果文件中包含声音，需要选择"声音"复选框，同时需要选择"CreateJS"复选框，如图 10.14（a）和图 10.14（b）所示。

（a）选择"图像"复选框　　　　（b）选择"声音"和"Createjs"复选框

图 10.14　修改资源路径

10.4　插入 JavaScript 代码

Flash 通过使用 JavaScript 代码来集成添加交互设计，也可以直接将一些 JavaScript 代码添加到 Flash 的"时间轴"上，然后导出到发布的 JavaScript 文件中。

在"动作"面板中，使用"/*js"符号表示 JavaScript 代码的开始，使用"*/"符号表示 JavaScript 代码的结束。在"时间轴"上使用少量的 JavaScript 代码，可通过 MovieClip 类的命令 play()、gotoAndStop()、stop()和 gotoAndPlay()来控制"时间轴"。

现在，动画中的蝴蝶已经可以在空中自由地飞舞了。下面要向"时间轴"中添加 JavaScript 代码，以实现点击舞台上的"绿色生态"按钮时，会出现提示信息。

（1）选择"时间轴"上的"zi"图层的第 1 帧，然后在"窗口"→"代码片断"面板中打开代码片断。此时"代码片断"面板中有 ActionScript、HTML5 Canvas 和 WebGL 三个文件夹。选择 HTML5 Canvas 文件夹下的"事件处理函数"选项，双击"MouseOver"事件命令，此时"动作"面板中会出现如图 10.15 所示的代码。

图 10.15　"动作"面板中出现代码

（2）找到代码中"alert（""）"语句，自定义添加鼠标单击时出现的文字。

（3）按 Ctrl+Enter 组合键运行动画。

至此就完成了本章作品的制作。图层排列如图 10.16 所示，效果如图 10.17 所示。

在 Adobe Flash Professional CC 里创建 HTML5 动画，是 Adobe 公司的伟大尝试，功能上还有很大限制，请关注 Adobe 公司在这方面技术的后续跟进。

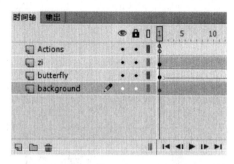

图 10.16　代码片断图层排列

图 10.17　HTML5 动画效果

作业

一、模拟练习

打开"模拟练习"文件目录，选择"Lesson10"→"Lesson10m.html"文件进行浏览播放，仿照 Lesson10m.html 文件，做一个类似的动画。动画资料已完整提供，保存在素材目录"Lesson10/模拟练习"中，或者从 http:// nclass.infoepoch.net 网站上下载相关资源。

二、自主创意

自主设计一个 Flash 动画，应用本章学习传统补间动画、任意变形工具、导出到 HTML5、理解输出文件、发布设置等知识点。也可以把自己完成的作品上传到课程网站上进行交流。

三、理论题

1. 如何判断动画是否为 HTML5 文件而不是 ActionScript 3.0 文件？
2. 如何一开始就创建 HTML5 文件，它与开始创建时是 ActionScript 3.0 类型文件，而发布时发布为 HTML5 文件有何区别？

理论题答案：

1. 第一种判断方法是如果动画创建的不是 HTML5 格式的，会在测试影片中看到"在 Flash Professional 中"和"在浏览器中"两个选项。如果创建的为 HTML5 格式的动画，则只出现"在浏览器中"一个选项；第二种判断方法是在菜单栏"文件"中查看是否可以进行 ActionScript 设置，如果可以则证明文件类型为 ActionScript 类型的，反之不是。

2. 打开 Flash Professional CC，在"开始"面板中选择"新建"→"HTML Canvas"命令，即可创建 HTML5 文件，HTML5 文件发布时，会自动生成一个 html 文件；若一开始创建的是 ActionScript 3.0 类型文件，在发布时，除了会生成一个 html 文件外，还会自动生成一个 swf 文件。

第 11 章
Flash IK 动画

本章学习内容：

1. 利用多个连接的影片剪辑制作骨架的动画。
2. 约束连接点。
3. 使用形状制作骨架的动画。
4. 使用弹簧特性模拟物理学。
5. 使用形状提示细化补间形状。

知识点：

由于本书篇幅有限，下面知识点并非在本章中都有涉及或详细讲解，在本书的学习网站(http://book.infoepoch.net)上有详细的学习资料和微视频讲解，欢迎登录学习和下载。

1. IK 反向运动、向元件实例添加骨骼、向形状添加骨骼、为实例添加骨骼。骨骼的添加、姿势层、骨架的层次结构、插入姿势、约束连接点的旋转和移动、将骨骼绑定到形状点、骨骼的编辑、选择骨骼和关联的对象、删除骨骼。

2. 定位骨骼和关联的对象、相对于关联的形状或元件、移动骨骼编辑 IK 形状、调整 IK 运动约束、向骨骼中添加弹簧属性、在时间轴中对骨架进行动画处理。

3. 将骨架转换为影片剪辑或图形元件以实现其他补间效果。

　　本章是一个进行英语单词记忆的动画案例。这些动画都是使用 Flash Professional CC 的骨骼动画工具制作的。通过本章学习反向运动学（IK），使用骨骼的关节结构对一个对象或彼此相关的一组对象进行动画处理。使用骨骼、元件实例和形状对象可以按复杂而自然的方式移动，来减少复杂的动画设计工作。例如，通过反向运动可以更加轻松地创建人物动画，如胳膊、腿和面部表情，如图 11.1 所示。

图 11.1　IK 动画效果

11.1　预览完成的动画并开始制作

　　（1）首先打开已制作完成的动画作品。双击 Lesson11/范例文件/Complete11 文件夹中的 lesson11.sef 文件，预览已经完成的英语单词记忆动画，如图 11.2 所示。在动画界面，单击"start"按钮，看到一个小狗从舞台上走过，选择对应的单词"Dog"后。提示正确，接着单击"Come on"按钮，相应的猴子等动画就会出现，选择对应的单词即可。在本章中学习舞台上各个动画的制作。

图 11.2　预览完成的英语单词记忆动画

（2）关闭 lesson11.sef 文件，退出预览动画。

（3）打开开始文件进入制作过程。在 Lesson11/范例文件/Start11 文件夹中有一个名为 "start11.fla"的文件，在 Flash CC 中打开 start11.fla 文件，该文件中的"Grandpa"、"Monkey"、"Chain" 三个单词的动画是矩形图形代替的，通过对这三个单词动画的制作，掌握 IK 动画制作的技术。选择"视图"→"缩放比率"→"符合窗口大小"命令，这样可以看到计算机屏幕上的整个舞台。

选择"文件"→"另存为"命令，将文件命名为"Demo11.fla"，并保存在 Start11 文件夹中。

11.2 IK 动画的基本概念

反向运动（IK）是一种使用骨骼的关节结构对一个对象或彼此相关的一组对象进行动画处理的方法。使用骨骼、元件实例和形状对象可以按复杂而自然的方式移动，只需做很少的设计工作。例如，通过反向运动可以轻松地创建人物动画，如胳膊、腿和面部表情。可以向单独的元件实例或单个形状的内部添加骨骼。在一个骨骼移动时，通过关节相连接的骨骼也会随之移动。使用反向运动进行动画处理时，只需指定对象的开始位置和结束位置即可。

Flash CC 包括两个用于处理 IK 的工具。使用骨骼工具可以向元件实例和形状添加骨骼；使用绑定工具可以调整形状对象的各个骨骼和控制点之间的关系。

下面是一个已添加 IK 骨架的形状和一个已附加 IK 骨架的多元件组，如图 11.3 和图 11.4 所示。

 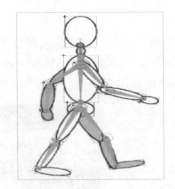

图 11.3　添加 IK 骨架的形状　　　　图 11.4　附加 IK 骨架的多元件组

骨骼链称为骨架。在父子层次结构中，骨架中的骨骼彼此相连。源于同一骨骼的骨架分支称为同级。骨骼之间的连接点称为关节。在 Flash 中可以按两种方式使用 IK。

第一种方式：通过添加骨骼将每个实例与其他实例连接在一起，用关节连接这些骨骼。骨骼允许元件实例一起移动。例如，有一组影片剪辑，其中的每个影片剪辑分别表示人体的不同部分，通过骨骼将躯干、上臂、下臂和手连接在一起，创建逼真移动的胳膊。

第二种方式：向形状对象的内部添加骨架。在合并绘制模式或对象绘制模式中创建形状。通过骨架，可以移动形状的各个部分并对其进行动画处理。例如，向简单的蛇图形添加骨架，以使蛇逼真地移动和弯曲。

在向元件实例或形状添加骨骼时，Flash 将实例或形状及关联的骨架移动到时间轴中的新图层，此新图层称为姿势图层。每个姿势图层只能包含一个骨架及其关联的实例或形状。

 ## 11.3 利用反向运动学制作关节运动

当想要制作有关节的对象（具有多个关节，如行走中的人，或下面例子中摆动的锁链）的动画时，Flash CC 可以利用反向运动学轻松执行该任务。反向运动学是一种数学方法，用来计算连接对象的不同角度，以达到一定的配置。可以在开始关键帧中摆好对象的姿势，然后在后面的关键帧设置一个不同的姿势。 Flash 将使用反向运动学计算出所有连接点的不同角度，以从第一种姿势变换到下一种姿势。

反向运动学使得动画容易制作，因为不必关注制作对象或肢体的每一段动画，只需要注重整体的姿势。

1．定义骨骼

创建关节运动的第一步是定义对象的骨骼，可以使用"骨骼"工具 来执行该操作。骨骼工具告诉 Flash 如何连接一系列影片剪辑实例，连接的影片剪辑被称为骨架，每个影片剪辑都称为一个节点。

（1）在 Flash CC 菜单栏中选择"文件"→"打开"命令，打开 Lesson11/范例文件/Start11 文件夹中的"chainIK_start11.fla"文件。

（2）选择"crane"图层的第 1 个关键帧。在"库"面板中打开"component"文件夹拖动 lock 元件到"舞台"上，在"属性"面板中设置锁高为 85 像素、宽为 70 像素。

（3）在"库"面板中拖动 loop1 元件到"舞台"上，将其放在锁实例的顶部，在"属性"面板中设置锁高为 75 像素、宽为 40 像素，如图 11.5 所示。

（4）从"库"面板中拖动 loop2 影片剪辑元件到"舞台"上，并将其放在 loop1 实例的上面，在"属性"中设置高为 75 像素、宽为 40 像素，如图 11.6 所示。

图 11.5 设置 loop1 元件的参数　　图 11.6 设置 loop2 元件的参数　　图 11.7 影片剪辑元件首尾相连

（5）用同样的方法，把"库"面板中的 loop3、loop4、loop5 影片剪辑元件拖到"舞台"上，设置同样的大小后，将它们首尾相连，如图 11.7。

此时，影片剪辑实例已经到位，并准备好相连骨骼。

（6）选择"骨骼"工具。

（7）在 loop5 实例的顶部按下鼠标左键，并把"骨骼"工具拖到 loop4 实例的顶部后松开鼠标，如图 11.8 所示。

第一个骨骼定义完成。Flash 把骨骼显示为极小的三角形，在其底部和顶部各有一个圆形连接点。每个骨骼都定义为从第一个节点顶部到下一个节点顶部。

（8）在 loop4 实例的顶部按下鼠标左键，并把"骨骼"工具拖到 loop3 实例的顶部后松开鼠标，如图 11.9 所示。

（9）重复步骤（8），将剩余的环及锁用骨骼连接起来，如图 11.10 所示。

图 11.8 把"骨骼"工具拖到 loop4 实例的顶部 　　图 11.9 把"骨骼"工具拖到 loop4 实例的顶部

这样就定义了所有的骨骼。现在用骨骼连接的六个元件被分隔到一个新的图层中，该图层具有新的图标和名称。这个新图层是一个"姿势"层，用于使骨架与"时间轴"上的其他对象（如图形或补间动画）保持独立。

（10）把"姿势"图层重命名为"cranearmature"，并删除空的"crane"图层，如图 11.11 所示。

 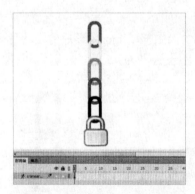

图 11.10 剩余的环及锁用骨骼连接 　　图 11.11 删除空图层后的效果

知识链接

骨架的层次结构

骨架的第一个骨骼被称为父级骨骼，连接到它的骨骼称为子级骨骼。一个父级骨骼可以同时连接多个子级骨骼。例如，木偶的骨架具有一个盆骨，它连接到两条大腿，它们分别又连接到小腿。骨盆是父级骨骼，每条大腿是子级骨骼，两条大腿是同级骨骼。当骨架变得更复杂时，可以使用"属性"检查器利用这些关系上、下导航层次结构。当选择骨架中第一个骨骼时，"属性"检查器顶部显示一系列的箭头。

可以拖动箭头在层次结构中移动，并快速选择和查看每个节点的属性。如果父级骨骼被选中，可以单击向下箭头，选择子级骨骼。如果一个子级骨骼被选中，可以单击向上箭头来选择其父级骨骼，或单击向下箭头，选择其子级骨骼（如果有的话）。横向箭头用于在同级节点之间进行导航，如图 11.12 所示。

2．插入姿势

把姿势作为骨架的关键帧。在第 1 帧中具有锁链的初始姿势，在后续帧中将插入各种姿势，使得锁链好像正在自由摆动一样。

（1）选择第 60 帧，右击，在弹出的快捷菜单中选择"插入帧"选项，将红色播放头移到第 1 帧，如图 11.13 所示。

图 11.12　横向箭头用于在同级节点中移动　　　　图 11.13　将红色播放头移到第 1 帧

（2）使用"选择"工具，选中 lock 实例，并把它向右拖动，将自动在第 1 帧插入一种姿势。在拖动 lock 实例时，注意整个骨架如何随之一起移动。骨骼将保持所有不同的节点相连接，如图 11.14 所示。

（3）选中第 1 帧，右击，在弹出的快捷菜单中选择"复制姿势"命令，如图 11-15 所示，然后选中最后 1 帧，并右击，在弹出的快捷菜单中选择"粘贴姿势"命令，如图 11.16 所示。

图 11.14　骨骼将保持所有不同的节点相连接

图 11.15 复制姿势

图 11.16 粘贴姿势

（4）将红色播放头移到第 20 帧，如图 11.17 所示。

（5）使用"选择"工具，选中 lock 实例，并将它向右拖动，使其偏离中心位置向左，如图 11.18 所示。

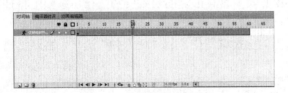

图 11.17 将红色播放头移到第 20 帧

图 11.18 使 lock 实例偏离中心位置

约束连接点

锁链的多个连接点可以自由旋转，但这不是特别现实的。现实生活中许多骨架被限制旋转一定的角度。例如，前臂可以朝着肱二头肌旋转，但它不能在超出肱二头肌的其他方向上旋转。在 Flash CC 中处理骨架时，可以选择约束多个连接点的旋转，甚至约束多个连接点的平移。

接下来，将约束锁链的各个关节的旋转，使它们更逼真地摆动。

1．约束连接点的旋转

在默认情况下，关节的旋转没有限制，这意味着它们可以在一个完整的圆中 360°旋转。如果只想让某个连接点在四分之一的圆弧内旋转，可把该连接点约束为 90°。

（1）在"cranearmature"图层中选中第 20 帧的姿势，右击或按住 Ctrl 键单击，在弹出的快捷菜单中选择"清除姿势"命令，如图 11.19 所示。

（2）将红色播放头移到第 1 帧。

（3）在"工具栏"中单击"选择"工具。

（4）单击锁链中第一个骨骼的连接线，如图 11.20 所示。

图 11.19 选择"清除姿势"命令　　　图 11.20 选中第一个骨骼的连接线

骨骼被突出显示，表示它被选中。

（5）打开"属性"面板，在"联接：旋转"选项区域中选择"约束"复选框，如图 11.21 所示。

在连接点上出现一个角度指示器，说明允许的最小和最大角度，以及节点的当前位置。

（6）设置连接点最小的旋转角度为"-45°"，最大旋转角度为"45°"，如图 11.22 所示。

图 11.21 选择"约束"复选框　　　图 11.22 设置连接点的旋转角度

连接点上的角度指示器将发生变化，显示了允许的角度。在这个例子中，锁链的第一段只能向左或向右抬高到 45° 的位置，如图 11.23 所示。

2．约束连接点的平移

在 Flash CC 中，可以允许连接点在 X（水平）或 Y（垂直）方向实际地滑动，并设置这些连接点可以移动多远的限制。

（1）单击锁链骨架中的第一个节点。

（2）在"属性"检查器中的"联接：旋转"选项区域中取消选择"启用"复选框，如图 11.24 所示。

图 11.23 锁链允许抬高的角度

图 11.24 取消选择"启用"复选框

连接点周围的圆圈将消失，指示它不能再旋转，如图 11.25 所示。

（3）在"属性"检查器中的"联接：X 平移"选项区域中选择"启用"复选框，连接点上将出现箭头，指示该连接点可以在 X 轴方向移动；"联接：Y 平移"同理。

（4）在"属性"检查器中的"联接：X 平移"选项区域中选择"约束"复选框，箭头将变成直线，指示平移是受限制的；"联接：Y 平移"同理。

（5）把"联接：X 平移"的"最小"设置为"-50"，"最大"设置为"50"，横条指示第一个骨骼在 X 方向上可以平移多远的距离；"联接：Y 平移"同理，如图 11.26 所示。

图 11.25 连接点周围的圆圈消失

图 11.26 设置连接点平移的距离

（6）由于本例中不需要约束连接点的平移，因此如果需要回到约束连接点之前的动作，就要用到另外一个工具"历史记录"面板，选择"窗口"→"其他面板"→"历史记录"命令来打开，如图 11.27 所示。

（7）在"历史记录"面板中向上拖动左侧的滑块，当箭头指向"清除姿势"时停止，如图 11.28 所示。

（8）分别选中第 15 帧和第 45 帧，使用"选择"工具，单击 lock 实例，并把它向左拖动到不同位置，两帧将插入不同姿势，但都在左边。

（9）选中第 30 帧，使用"选择"工具，单击 lock 实例，并把它向右拖动到合适位置，第 30 帧将插入新的姿势，但位置在右边。

（10）选择"控制"→"测试影片"→"在 Flash Professional 中"命令，测试动画。

图 11.27　"历史记录"选项

图 11.28　"历史记录"面板

 知识链接

1. 隔离各个节点的旋转

在拖拉骨架以创建姿势时，可能会发现很难控制各个节点的旋转，因为它们是连接在一起的。按住 Shift 键的同时移动单个节点将隔离其转动。

（1）选择第 30 帧处的第三种姿势。

（2）按住 Shift 键，单击并拖动骨架的第二个节点旋转它，锁链的第二个节点将旋转，但是第一个节点不会旋转。

（3）按住 Shift 键，单击并拖动骨架中的第三个节点以旋转它，锁链的第三个节点将会旋转，但是第一个和第二个节点不会旋转。

注意：可以在时间轴上编辑姿势，就像用一个补间动画创建的关键帧。单击一个姿势，将其选中。单击并拖动姿势，可以将它沿着时间轴移动到不同位置。按住 Shift 键有助于隔离各个节点的旋转，以便可以根据需要准确地定位姿势。

2. 固定单个节点

固定各节点位置可以更精确地控制骨骼的旋转和位置，留下子节点自由地以不同的姿势移动。可以选择"固定"选项在"属性"检查器中执行此操作。

（1）在"工具栏"中单击"选择"工具。

（2）选中锁链骨骼的第一个节点。

（3）在"属性"检查器中，在"位置"选项区域选择"固定"选项，将所选择的骨骼的尾部固定在舞台，如图 11.29 所示。一个"X"出现在关节，表明它被固定。

图 11.29　将所选骨骼的尾部固定到舞台

（4）拖动骨骼的最后一个节点，此时只有最后的三个节点移动。

注意：选择"固定"选项与使用 Shift 键时，运动是不同的。Shift 键分离单个节点，其他的节点（父节点和子节点）都可以移动。当锁定一个节点时，固定节点将保持不变，只能移动其子节点。

3. 编辑骨骼

可以通过重新定位或删除节点，并添加新的骨骼来编辑骨骼。例如，如果骨骼的节点之一稍微偏离，可以使用自由变换工具旋转或移动到一个新位置，但这并不改变骨骼；也可以在按住 Alt 键的同时移动节点到新的位置。如果想删除骨骼，只需选中想要删除的骨骼，然后按键盘上的 Delete 键，选定的骨骼及链上所有与它连接在一起的子骨骼都将被删除。这时，可以根据需要添加新的骨骼。

形状的反向运动学

锁链是利用多种影片剪辑元件制成的骨架。也可以利用形状创建骨架，形状可用于制作对象的动画，它们无须明显的连接点和分段，但仍然可以有关节运动。例如，猴子的尾巴没有实际的连接点，但可以向平滑的尾巴中添加骨骼，对其波状运动进行动画处理。也可以使用"骨骼"工具在整个向量形状内部创建一个骨架。通常使用这项技术来为动物角色创建摇尾巴动画。

1. 在形状内定义骨骼

（1）打开"monkeyIK_start11.fla"文件。选择"文件"→"另存为"命令。将文件命名为"monkey-IK_workingcopy11.fla"。该文件包含一个猴子的插图，其中尾巴单独处于"tail"图层上，如图 11.30 所示。

图 11.30 尾巴单独处于"tail"图层上

（2）在"库"面板中打开"MovieClip"文件夹，双击名为"tail"的影片剪辑元件，对

tail 元件进行编辑，如图 11.31 所示。

（3）在"工具栏"中选择"骨骼"工具。从尾巴的底部（左部）开始，在形状内部单击并向尾巴的顶部方向拖曳，来创建骨骼，如图 11.32。在向形状中画第一根骨骼的时候，Flash 会把元件转换为一个 IK 形状对象。

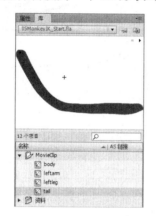

图 11.31　对 tail 元件进行编辑

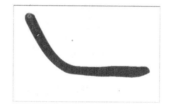

图 11.32　创建骨骼

（4）继续向右依次创建骨骼，这样骨骼可以首尾相连。建议骨骼的长度逐渐变短，这样越到尾部关节会越多，就能创建出更切合实际的动作，如图 11.33 所示。

添加骨骼后在"时间轴"上会出现一个"姿势"骨架层，用于使骨架与"时间轴"上的其他对象（如图形或补间动画）保持独立，后续的操作会在该图层上进行，可删除空的图层。

（5）在给尾巴添加骨骼的时候 Flash 会自动在当前帧（第 1 帧）保存现有的姿势，选中第 1 帧并右击，在弹出的快捷菜单栏中选择"复制姿势"选项，然后选中第 75 帧并右击在弹出的快捷菜单中选择"粘贴姿势"选项，给第 75 帧添加和第 1 帧同样的姿势。

（6）下面在后续的帧中继续给猴子的尾巴添加不同姿势。单击"选择"工具，选中第 15 帧并拖动最后一个骨骼，在第 15 帧中添加如图 11.34 所示的动作。

图 11.33　尾部关节增多

图 11.34　在第 15 帧添加动作

（7）用同样的方法分别在第 30 帧、第 50 帧添加如图 11.35 所示的动作
（8）完成上述步骤后，单击舞台上的"场景 1"回到主场景。

2. 在元件间定义骨骼

（1）在"库"面板中打开"leftleg"元件进行编辑，如图 11.36 所示。

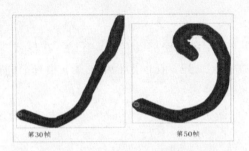

图 11.35　在第 30 帧和第 50 帧添加动作

图 11.36　编辑 "leftleg" 元件

（2）在脚的正下方合适的位置画一个小圆，并将其转化为元件（该元件使得脚的底部可以添加一个骨骼，使脚部的运动更灵活）。

（3）如 11.4 中给 "锁链" 添加骨骼一样，给 "腿部" 添加骨骼，如图 11.37 所示。

添加骨骼后在时间轴上会出现一个 "姿势" 骨架层，用于使骨架与 "时间轴" 上的其他对象（如图形或补间动画）保持独立，后续的操作会在该图层上进行，可删除空的图层。

（4）在给 "腿部" 添加骨骼的时候 Flash 会自动在当前帧（即第 1 帧）保存现有的姿势，选中第 1 帧并右击，在弹出的快捷菜单中选择 "复制姿势" 选项，选中第 75 帧右击，在弹出的快捷菜单中选择 "粘贴姿势" 选项，给 75 帧添加和第 1 帧同样的姿势。

（5）下面在后续的帧中继续给猴子的腿部添加各种姿势。单击 "选择" 工具，选中第 8 帧并拖动最后一个骨骼，向后改变骨骼的姿势，如图 11.38 所示。

注意：为避免多个骨骼进行联动，当移动一个骨骼时，可以按住 Shift 键再单击该骨骼进行移动。

图 11.37　给 "腿部" 添加骨骼

图 11.38　改变第 8 帧骨骼的姿势

6．用同样的方法在第 15、22、45、53 帧改变骨骼的姿势，添加如下动作，如图 11.39 所示。

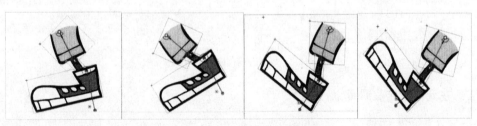

图 11.39　改变其他关键帧的骨骼姿势

（7）完成上述步骤后，单击舞台上的"场景 1"回到主场景。

（8）在"库"面板中打开"leftarm"元件进行编辑，如图 11.40 所示。

（9）在手掌的左下方合适的位置画一个小圆，并将其转化为元件（该元件使得手掌的底部可以添加一个骨骼，使手掌的运动更灵活）。

（10）如上述给腿部添加骨骼一样，给胳膊添加骨骼，如图 11.41 所示。

图 11.40　编辑"leftarm"元件

图 11.41　给胳膊添加骨骼

添加骨骼后在时间轴上会出现一个"姿势"骨架层，用于使骨架与"时间轴"上的其他对象（如图形或补间动画）保持独立，后续的操作会在该图层上进行，可删除空的图层。

（11）在给胳膊添加骨骼的时候 Flash 会自动在当前帧（即第 1 帧）保存现有的姿势，选中第 1 帧并右击，在弹出的快捷菜单中选择"复制姿势"选项，选中第 75 帧并右击，在弹出的快捷菜单中选择"粘贴姿势"选项，给 75 帧添加和第 1 帧同样的姿势。

（12）在后续的帧中继续给猴子的胳膊添加各种姿势，单击"选择"工具选中第 37 帧并拖动最后一个骨骼，向后改变骨骼的姿势，如图 11.42 所示。

完成上述步骤后，单击舞台上的"场景 1"回到主场景。

3．元件的命名和复制

（1）在"库"面板中选中名为"leftarm"的影片剪辑，右击，在弹出的快捷菜单中选择"直接复制"选项，如图 11.43 所示。

图 11.42　向后改变骨骼的姿势

图 11.43　选择"直接复制"选项

（2）在弹出的"直接复制元件"对话框中将名称改为"rightarm"如图 11.44 所示。

（3）用同样的方法将元件"leftleg"复制并命名为"rightleg"，现在"库"面板中的 MovieClip 文件夹中有 6 个影片剪辑元件，如图 11.45 所示。

图 11.44 "直接复制元件"对话框

图 11.45 MovieClip 文件夹

（4）单击时间轴中的"rightarm"图层，将"库"面板中的影片剪辑元件"rightarm"（右胳膊）拖入舞台，设置其"宽"为 115 像素，"高"为 182 像素，将其放置在猴子身体的合适部位。

（5）单击时间轴中的"rightleg"图层，将"库"面板中的影片剪辑元件"rightleg"（右腿）拖入舞台，设置其"宽"为 154 像素，"高"为 137 像素，将其放置在猴子身体的合适部位。

为了确保左右两个胳膊在同一帧的姿势不同，可以将两个胳膊的骨骼姿势进行不同的设置，但是 Flash 提供了更为简单的方法达到上述效果。在第 3 章中介绍到了元件的类型，其中"图形"类型也可以进行动画效果，并且可以按照动画中帧的位置来设置动画的开始时间和循环次数。

（6）锁定时间轴中除"rightarm"和"rightleg"以外的其他图层，在舞台上单击"rightarm"实例，在"属性"面板中将该实例的元件类型从"影片剪辑"修改为"图形"，如图 11.46 所示。

（7）为了确保左右胳膊在循环中交替运动，设置"rightarm"实例的运动直接从该动画的中间部分开始。在"属性"面板"选项"下拉列表中，设置"选项"的属性值为"循环"，设置"第一帧"的开始值为"37"，如图 11.47 所示。

图 11.46 修改元件类型

图 11.47 设置"循环"参数

（8）用同样的方法将影片剪辑元件"leftarm"转换为图形元件，并在"属性"面板"选项"下拉列表中选择"循环"选项，设置"第一帧"的开始值为"1"。

（9）将影片剪辑元件"rightleg"转换为图形元件，并在"属性"面板"选项"下拉列表中选择"循环"选项，设置"第一帧"的开始值"59"。

（10）将影片剪辑元件"leftleg"转换为图形元件，并在"属性"面板"选项"下拉列表中选择"循环"选项，设置"第一帧"的开始值为"22"。

可以稍微调整一下亮度，让"rightleg"实例看起来更靠里面，让动画更有真实感。选择该实例，在"属性"面板的"色彩效果"下拉列表中选择"样式"的属性值为"亮度"，拖动滑块到"-12"的位置，稍微加深阴影效果，如图 11.48 所示。

4．创建简单的补间动画

完成上述步骤后猴子便可以有节奏地运动了，但是由于此时猴子的身体还是静止的，因此动作看起来会很不自然。下面对猴子的身体即"body"元件创建补间动画，单击并选中猴子身体部分即"body"实例，右击，在弹出的快捷菜单中选择"创建补间动画"选项，如图 11.49 所示。

图 11.48　设置"色彩效果"参数　　　　图 11.49　选择"创建补间动画"选项

（1）身体的补间动画已经创建，下面开始给猴子的身体部分添加补间动作。在时间轴中选中"body"图层，选中第 21 帧并用键盘的方向键将身体适当的上移几个像素，然后选中第 37 帧用键盘的方向键将身体适当下移几个像素，后面依次选中第 60 帧、第 78 帧、第 92 帧、第 111 帧、第 136 帧、第 150 帧并在选中对应帧的同时依次执行向上、向下、向上、向下、向上、向下适当移动的操作，如图 11.50 所示。

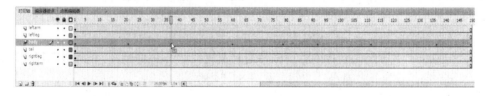

图 11.50　添加补间动作

（2）猴子的动画制作已经基本完成，选择"控制"→"测试影片"→"在 Flash Professional 中"命令，测试动画。

11.6 主骨架和副骨架的连接

有时候需要创建复杂的人物动作,但又不方便把他全身拆成一个个的影片剪辑动画时,便需要给他的全身添加一副比较复杂的骨骼,这其中就包含着主骨架和副骨架,下面将以一个皮影人物为例进行讲解。

1. 全身骨架的创建

(1)打开文件"grandpaIK_start11.fla",选择"文件"→"另存为"命令,将文件命名为"grandpaI K_workingcopy11.fla"。

(2)打开"库"面板中的 compotent 2 文件夹,将元件 1~9 号拖到舞台上,并移动到合适的位置,通过工具栏中的"任意变形"工具调整各个实例的方向,组合成皮影人物,如图 11.51 所示。

(3)以皮影人物的腹部为起点拉出第一个骨骼,再以所拉出骨骼的终点为起点拉出副骨架,最终骨架如图 11.52 所示。

图 11.51　皮影人物

图 11.52　最终骨架

(4)将新生成的骨架图层改名为"Armature",并删除多余空图层。

(5)在时间轴中单击"Armature"图层,选中皮影人物身上所有的元件,选择"修改"→"转换为元件"命令,如图 11.53 所示。

(6)在弹出的"转换为元件"对话框中选择类型为"影片剪辑",并将新影片剪辑元件命名为"oldman",单击"确定"按钮,如图 11.54 所示。

图 11.53　选择"转换为元件"命令

图 11.54　"转换为元件"对话框

（7）在"库"面板中将新生成的元件 oldman 拖入 compotent 1 文件夹。

（8）打开 compotent 1 文件夹，双击"oldman"元件，进入该元件的编辑模式，单击图层 1 以选中该元件的各个部分，移动该元件到舞台中心（舞台中心有"+"，通过键盘的方向键微调，使该元件腹部的"+"与舞台中心的"+"重合即可）。

（9）将时间轴上的"图层 1"改为"oldman"图层，选中第 43 帧并右击，在弹出的快捷菜单中选择"插入帧"命令（或按 F5 键）。

（10）第 1 帧已经有了现成的姿势，用"复制姿势"和"粘贴姿势"的方法给最后 1 帧添加与第 1 帧相同的姿势。

（11）在第 9、第 18、第 27、第 35 帧改变骨骼的姿势，添加以下动作，如图 11.55 所示。

图 11.55　改变骨骼的姿势

（12）在时间轴"oldman"图层下方新建一个图层，命名为"burden"，选中第 43 帧并右击，在弹出的快捷菜单中选择"插入帧"命令（或按 F5 键），然后选中第 1 帧，在"库"面板中将对应的"burden"元件拖入图层，并放到皮影人物肩上的合适位置，如图 11.56 所示。

（13）对 burden 实例创建补间动画，并在第 9、第 18、第 27、第 35 帧中用键盘方向键将其适当向上或向下平移几个像素，但始终要保证它位于皮影人物的肩上。

（14）单击"场景 1"回到主场景。

2．无缝动画的完成

（1）在时间轴上删除主场景中的所有图层，再新建两个空图层，分别命名为"oldman"和"groundback"，并在第 43 帧插入帧，如图 11.57 所示。

图 11.56　将对应的"burden"元件拖入图层

图 11.57　新建两个空图层

（2）选择第 1 帧，在"库"面板中打开 compotent 1 文件夹，分别将"oldman"元件和"groundback"元件拖入对应图层。

（3）在第 1 帧中将"oldman"实例的位置设置为"X"为"323"，"Y"为"278"。

（4）对"groundback"实例创建补间动画，在第 1 帧实例位置设置为"X"为"-374"，"Y"为"0"，在最后 1 帧设置实例位置为"X"为"-217"，"Y"为"0"。

（5）选择"控制"→"测试影片"→"在 Flash Professional 中"命令，测试动画。

11.7 在动画中替换元件

本章中 IK 动画制作已经完成，后面将进行元件转换，制作出像 Lesson11/Complete11 文件夹中的"complete11.swf"一样的动画。

1．将简单动画制作成元件

（1）打开 Lesson11/范例文件/Start11 文件夹中名为"chainIK_workingcopy11.fla"的动画。

（2）单击"插入"菜单，在下拉菜单中选择"新建元件"选项，如图 11.58 所示。

（3）在弹出的"创建新元件"对话框中将元件"类型"选择为"影片剪辑"，并将元件"名称"设置为"ChainIK"，如图 11.59 所示。

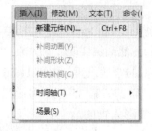

图 11.58 选择"新建元件"选项

图 11.59 "创建新元件"对话框

（4）单击舞台上方的"场景 1"回到主场景，在时间轴中单击"Armature"图层，当舞台上所有元件都被选中的时候，右击，在弹出的快捷菜单中选择"复制图层"选项。

（5）双击名为"ChainIK"的元件进入元件编辑模式，在时间轴的"图层 1"上右击，在弹出的快捷菜单中选择"粘贴图层"选项。

（6）删除空余的图层 1，单击舞台上方的"场景 1"退出元件编辑模式。

通过上述的操作，将动画转换成了元件，并存储在"库"面板中，如图 11.60 所示。

其他动画也可以通过同样的方式转换成影片剪辑元件。当所做动画的时间轴中有多个图层时，可以按下 Ctrl 键，然后用鼠标依次在时间轴中单击选取所需图层，当所有图层都被选中之后再选择"复制图层"，然后"粘贴图层"并使用，如"11MonkeyIK_workingcopy.fla"就是一个有多个图层的动画，在选中图层的时候就需要按下 Ctrl 键对需要的图层依次单击选取。

2．影片剪辑元件的使用

（1）在"库"面板中选中元件"ChainIK"，右击，在弹出的菜单中选择"剪切"选项，如图 11.61 所示。

图 11.60　动画转换成了元件

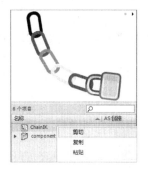

图 11.61　选择"剪切"选项

（2）打开 Lesson11/范例文件/Start11 文件夹中的 Demo11.fla 文件。

（3）在 Demo11.fla 文件中选择"库"面板中的"moviedip"文件夹，右击，在弹出的快捷菜单中选择"粘贴"选项，如图 11.62 所示。

（4）按上述的步骤，将"grandpaIK_workingcopy11.fla"和"monkeyIK_workingcopy11.fla"两个动画转换成影片剪辑元件并复制到 Demo11.fla 的"movieclip"文件夹中。

由于 Start11.fla 中不需要影片剪辑的背景，所以在 grandpa_workingcopy11.fla 中只需要将老人和担子所处的图层选中并转换为元件，而不需要选取背景图层。

3．元件的替换

测试 Demo11.fla 文件，会发现屏幕上本该出现的动画有一部分是圆形或矩形，下面将这些图形转换为所需要的元件。

（1）在时间轴上选中第 405 帧，在舞台上单击名为"ChainIk"的椭圆，右击，在弹出的快捷菜单中选择"交换元件"选项，如图 11.63 所示。

图 11.62　选择"粘贴"选项

图 11.63　选择"交换元件"选项

（2）在弹出的"交换元件"对话框中选择"movieclip"文件夹中的"ChainIK"元件，单击"确定"按钮，如图 11.64 所示。这样，舞台上的圆形元件就会转换为锁链的动画元件。

（3）用同样的方法在第 125 帧将对应元件替换为"GrandpaIK"元件，在第 210 帧将对应元件替换为"MonkeyIK"元件。

选择"控制"→"测试影片"→"在 Flash Professional 中"命令，测试动画，如图 11.65 所示。

图 11.64　选择"ChainIK"元件

图 11.65　测试动画

作业

一、模拟练习

打开素材"模拟练习"文件目录，选择"Lesson11"→"Lesson11m.swf"文件进行浏览播放，仿照 Lesson11m.swf 文件，做一个类似的动画。动画资料已完整提供，保存在素材目录"Lesson11/模拟练习/动画材料"中，或者从 http://nclass.infoepoch.net 网站下载相关资源。

如果需要本章模拟练习作品的源文件，请登录课程网站 http://book.infoepoch.net 获取。

二、自主创意

自主设计一个 Flash 动画，应用本章所学习知识利用多个链接的影片剪辑制作骨架的动画、约束连接点、使用形状提示细化补间形状、利用形状制作骨架的动画、利用弹簧特性模拟物理学等知识。也可以把自己完成的作品上传到课程网站上进行交流。

三、理论题

1. 如何导航骨骼之间的层次结构？
2. 如何约束连接点的旋转和平移？

3．怎样才能使重复播放的动画无缝连接？

4．怎样隔离各个节点的动作或者固定单个节点？

5．怎样才能让动画中的一个元件从中间的某一帧开始播放？

理论题答案：

1．当骨骼的层次结构较为复杂时，可以利用"属性"检查器，导航骨骼间的层次结构。当选择骨架中第一个骨骼时，"属性"检查器顶部显示一系列的箭头。可以单击箭头在层次结构中移动，并快速选择和查看每个节点的属性。如果父级骨骼被选中，可以单击向下箭头，选择子级骨骼。如果一个子级骨骼被选中，可以单击向上箭头来选择其父级骨骼，或单击向下箭头，选择其子级骨骼（如果有的话）。也可以利用横向箭头在同级节点之间进行导航。

2．为了让骨架的运动更逼真和现实，通常需要约束连接点的旋转和平移。选择"选择"工具，单击锁链需要约束的骨骼，打开"属性"面板，在"联接：旋转"选项区域中选中"约束"选项，在连接点上将出现一个角度指示器，说明允许的最小和最大角度，以及节点的当前位置，可以通过设置角度约束连接点的旋转。在"属性"检查器中的"联接：X 平移"选项区域中选择"启用"选项，连接点上将出现箭头，指示该连接点可以在哪个方向移动；"Y 平移"同理。

3．要使一段重复播放的简短动画看起来像是一段无缝的长动画，这就需要每次重复时上一段的最后 1 帧中的姿势与下一段的第 1 帧中的姿势完全相同；所以可以在完成给第 1 帧添加姿势之后，用"复制姿势"、"粘贴姿势"的办法将第一帧中的姿势复制然后粘贴到最后 1 帧，这样就能保证最后 1 帧的姿势与第 1 帧的姿势完全一致了，当重复播放这个动画的时候，即使它只是很短的一段动画，在人们的感官下它也是一段无缝的长动画。

4．当拖动一个元件的时候，与它相连的上一个元件也会随之一起移动，如果不希望上一个元件也随着一起移动的话，按住 Shift 键，单击并拖动骨架中想移动的那个节点，其他的节点将不受影响；还有另一种可以更精确地控制骨骼的旋转和位置的方法，那就是固定各节点位置，留下子节点自由地在不同的姿势移动，可以使用"固定"选项在属性检查器中执行此操作，用"选择"工具选择锁链骨骼的第一个节点，在"属性"检查器中"位置"选项区域选择"固定"选项将所选择的骨骼的尾部都固定在舞台上，一个"X"出现在关节处，表明它被固定，此时移动元件，被固定的元件将不受影响。

5．有时候在一个动画中插入了一个元件，但是并不希望在动画开始播放的时候这个元件也从第 1 帧开始播放，而是希望它从中间的某一帧开始播放然后重复。这时首先要在"属性"面板中将这个元件转换为"图形元件"，然后在"属性"面板的"选项"下拉列表中选择"循环"选项，并在"第一帧"后面的文本框中输入相应的数字即为开始播放的帧数。

第 12 章
发布 Flash CC 文档

本章学习内容：

1. 修改文档的发布设置。
2. Web 工程发布及其输出文件。
3. 桌面的 AIR 应用发布。
4. 手机设备应用发布。
5. 在 AIR Debug Launcher 中测试手机的响应情况。
6. 检测 Flash Player 的更新版本。
7. 了解其他测试方法，如 USB 设备和 IOS 仿真器。
8. 理解 Adobe Scout 分析 Flash 内容的方式。

完成本章的学习需要大约 2 小时，请从素材中将文件夹 Lesson12 复制到你的硬盘中，或从 http://nclass.infoepoch.net 网站下载本课学习内容。

知识点：

由于本书篇幅有限，下面知识点并非在本章中都有涉及或详细讲解，在本书的学习网站上有详细的微视频讲解，欢迎登录学习和下载。

1. Flash 的运行环境、发布设置、Web 发布的输出文件、桌面的 AIR 应用发布、手机设备应用发布。

2. 优化与测试影片、将 Flash 导出为图像、设置帧属性、播放与定位帧、复制与粘贴帧动画。

本章范例介绍

本章有 3 个范例，第 1 个是使用第 7 章的声音视频范例学习发布 Web 工程，第 2 个是使用第 8 章的范例学习桌面 AIR 的发布，第 3 个是使用小学一年级的一个简单英语课件练习移动发布技术。通过本章学习，将学习到各种发布的设置及其方法，学习 Flash 文件的测试方法等，图 12.1 所示的是移动发布的动画截图。

图 12.1　移动发布的动画截图

12.1　Web 工程文件发布

1．预览发布的 Web 工程文件

（1）双击 Lesson12/范例文件/Complete12 文件夹，看到其中有三个目录，如图 12.2 所示。

图 12.2　三个目录文件

（2）打开第一个目录"Internet 发布"，运行发布好的"web 发布.html"文件，如图 12.3 所示。

2．学习 Web 发布设置并进行发布

（1）选择"文件"→"发布设置"选项，出现"发布设置"面板，如图 12.4 所示。

图 12.3　移动发布的动画效果

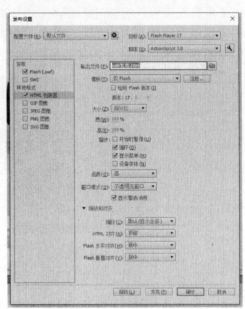

图 12.4　"发布设置"面板

在设置面板的"HTML 包装器"页面中把"大小"设置为"百分比"，"缩放"设置为"默认（全部显示）"就可以实现 complete.swf 文件的显示效果（根据浏览器大小自动缩放）。

（2）单击"确定"按钮，保存发布设置，也可以单击"发布"按钮进行发布（或者在保存发布设置后在"文件"菜单中选择"发布"命令）。

（3）打开"Lesson12/范例文件/Start12/Internet" 文件夹下的"web 发布.fla"文件，按图 12.4 的设置参数进行发布设置后进行发布，发现在该文件夹下多出"web 发布.swf"、"web 发布.html"两个文件，如图 12.5 所示。运行"web 发布.html"文件，在浏览器里打开了该动画，效果如图 12.3 所示。

3．理解发布过程

发布是生成让用户可以播放最终 Flash 过程所需的文件的过程。Flash Professional CC 是一个设计软件，与影片播放所在的环境并不相同。在 Flash Professional CC 中可以设计内容；在目标环境中，如使用桌面浏览器或手机设备可以播放观看其中的内容。因此开发人员区别了"设计时环境"和"运行时环境"。

图 12.5　文件夹多出两个文件

Adobe 为回放 Flash 中的内容提供了多种运行环境。Flash Player 是 Flash 在桌面浏览器上运行的环境。最新版本 Flash Player 11.7 支持 Flash Professional CC 中的所有功能。而 Flash Player 作为一个免费插件，

支持大多数浏览器和平台，在 Google Chrome 浏览器中，Flash Player 已经被安装，并会自动更新。

Adobe AIR 是另一个播放 Flash 内容的运行环境。AIR（Adobe Integrated Runtime）不需要浏览器，可直接从桌面运行 Flash。将其设为发布目标时，可设置为直接运行和安装该应用，也可将其设为待安装程序。还可以发布一些 AIR 应用，以便在浏览器不支持 Flash Player 的 Android 设备和 ios 设备（如 iPhone 或 IPAD）上安装并运行。

如果要发布 Web 影片，需要将发布目标设为用于 Web 浏览器的 Flash Player。从而在 Web 浏览器中播放 Flash 内容的 HTML 文档。因此，需要向 Web 服务器中上传这两种文件及 SWF 文档所引用的其他文件（如 FLV 或 F4V 视频文件、皮肤文件）。默认情况下，发布（Publish)命令会把所有需要的文件都保存到同一个文件夹中。

发布影片时，可指定各个选项，包括是否需要检测用户计算机上安装的 Flash Player 的版本。

可自行决定 Flash 发布 SWF 文件的方式，如播放时所需求的 Flash Player 版本、影片显示和播放的方式等。

（1）在"start12.fla"文件中，选择菜单栏中的"文件"→"发布设置"命令（或直接单击"属性"检查器中的"配置文件"栏中的"发布设置"按钮，如图 12.6 所示）。

（2）这时，将出现"发布设置"对话框，如图 12.7 所示。其顶部是常规设置，左侧是各种格式选项，而右侧则是所选格式的其他设置选项。此时，已经选择了"Flash（.swf）"和"HTML 包装器"复选框。

图 12.6　"属性"检查器

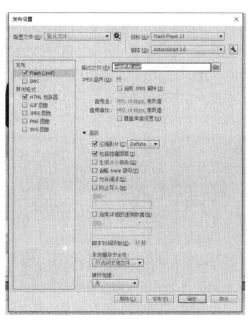

图 12.7　"发布设置"对话框

（3）在"发布设置"对话框顶部的"目标"下拉列表中选择"Flash Player 17"版本，

在"脚本"下拉列表中选择"ActionScript 3.0"版本，如图 12.8 所示。

（4）在对话框的左侧选择"Flash（.swf）"复选框。这时，SWF 文件的选项将会出现在对话框右侧。展开"高级"选项区域，可以看到更多选项，如图 12.7 所示。

（5）如果需要，还可修改输出文件的名称和位置。在本章示例中，将输出文件的名称保留为"web 发布.swf"。

（6）如果影片中包含了位图，可为 JPEG 压缩等级设置一个全局 JPEG "品质"参数，范围可以从 0（最低品质）～100（最高品质）。默认值为"80"，在这里选择默认值，如图 12.9 所示。

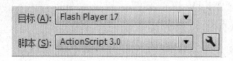

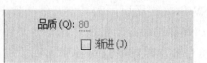

图 12.8　设置输出文件　　　　　　　图 12.9　设置"品质"参数

注意：在每个导入的位图的"位图属性"对话框中，可以在"发布设置"对话框中修改 JPEG 品质设置，也可以为该位图选择一个单独应用设置。这样就可以有针对性地发布高品质图像，如让高品质的人物图像与低品质的背景质地同时存在。

（7）如果影片中包含了声音，单击"音频流"或"音频事件"右侧的值，以修改音频压缩品质参数，如图 12.10 所示。

比特率越高，影片声音的音质就会更好。在这个交互海报影片中并没有声音，因此不需要修改其中的设置。

（8）确保选择了"压缩影片"复选框，以减少文件尺寸和下载时间，如图 12.11 所示。默认选项是"Deflate"，而 LZMA 的 SWF 文件压缩程度更高。如果工程中包含了许多 ActionScript 代码和矢量图像，就可以通过这一选项大量缩减文件的尺寸。

音频流：MP3, 16 kbps, 单声道
音频事件：MP3, 16 kbps, 单声道

图 12.10　修改音频压缩品质参数　　　　图 12.11　选择"压缩影片"复选框

（9）在对话框的左侧选择"HTML 包装器"复选框。确保在"模板"下拉列表中选择了"仅 Flash"选项，如图 12.12 所示。

（10）检测 Flash Player 的版本。可以在用户的计算机上自动检测 Flash Player 的版本；如果不是所需版本，将会自动弹出提示框提醒用户下载最新版本。选择"检测 Flash 版本"复选框，如图 12.13 所示。

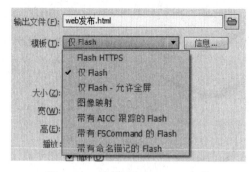

图 12.12　选择"仅 Flash"选项

图 12.13　选择"检测 Flash 版本"复选框

这样，Flash 就会发布 3 个文件，如图 12.14 所示。Flash 将创建一个 SWF 文件，一个 HTML 文件及一个名为 swfobject.js 的文件（包含了用于检测指定 Flash Player 版本的 JavaScript 代码）。如果用户计算机的浏览器中没有在之前版本"文本框"中输入的 Flash Player 早期版本，就不会显示 Flash 影片，而是显示一个信息框。这 3 个文件都需要上传 Web 服务器中，以便用户播放影片。

（11）"缩放和对齐"设置。要修改 Flash 影片在浏览器中缩放和对齐的方式有多个选项可供选择。在如图 12.15 所示的面板中设置。

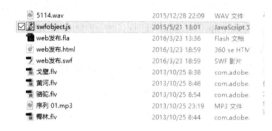

图 12.14　Flash 发布 3 个文件

图 12.15　"缩放和对齐"设置

① 在"缩放"下拉列表中选择"默认（显示全部）"选项，使得影片在浏览器窗口中可以不需缩放或变形即可显示所有内容。该选项适合大多数的 Flash 工程。而且当用户缩小浏览器时，该内容仍会显示，只不过会随窗口大小内容有所裁剪。

② 在"缩放"下拉列表中选择"无边框"选项，可以让影片一直适合浏览器窗口的大小，而不需裁剪影片内容以适合窗口的大小。

③ 在"缩放"下拉列表中选择"精确匹配"选项，可将影片的水平和垂直方向均缩放为适合浏览器窗口的大小。该选项下的影片并不会显示其背景颜色，单击影片内容可以缩放变形。

④ 在"缩放"下拉列表中选择"无缩放"选项，无论浏览器如何变化均可保持影片的大小尺寸。

（12）"播放"设置。如图 12.16 所示。选择"开始时暂停"复选框，可以使影片在起初暂停；取消选择"循环"复选框，影片仅会播放一次；取消选择"显示菜单"复选框，这样在浏览器中右击

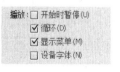

图 12.16　"播放"设置

或按 Ctrl 键单击 Flash 影片时，就不会出现文本菜单。

　　注意：通常来说，与在"发布设置"对话框修改"回放"设置相比，ActionScript 代码来控制 Flash 影片要更好些。如要在影片一开始暂停它，可以在"时间轴"的第 1 帧添加 stop()命令；要使影片循环播放，可以在"时间轴"末尾添加"gotoAndPlay(1)"命令。这样，测试影片时（选择"控制"→"测试影片"→"在 Flash Professional 中"命令）所有需要的功能都已就位，而不需等待到发布影片时。

桌面的 AIR 应用发布

　　大多数计算机的浏览器中都已安装了 Flash Player，但是可能也会将影片发布给没有安装 Flash Player 的用户，通过 Adobe AIR，可将 Flash 的内容创建为一个应用，以便用户在桌面上观看。

知识链接

　　Adobe AIR 是一个跨操作系统的多屏幕运行时，通过它可以利用用户的 Web 开发技能来构建丰富 Internet 应用程序（AIR），并将其部署到桌面和移动设备上。可以使用 Adobe Flex®和 Adobe Flash®（基于 SWF）通过 ActionScript 3.0 构建桌面、电视机和移动 AIR 应用程序。桌面 AIR 应用程序也可以使用 HTML、JavaScript®和 Ajax（基于 HTML）进行构建。通过 AIR 应用程序，可以在熟悉的环境中工作，可以利用自己认为最方便的工具和方法。由于它支持 Flash、Flex、HTML、JavaScript 和 Ajax，可以创造满足用户需要的可能的最佳体验。用户与 AIR 应用程序交互的方式和与本机应用程序交互的方式相同。在用户计算机或设备上安装此运行时之后，即可像任何其他桌面应用程序一样安装和运行 AIR 应用程序（在 iOS 上，未单独安装 AIR 运行时，每个 iOS AIR 应用程序都是独立应用程序）。此运行时通过在不同桌面间确保一致的功能和交互来提供用于部署应用程序的一致性跨操作系统平台和框架，从而消除跨浏览器测试。

1. 安装桌面的 AIR 应用

　　（1）打开"Lesson12/范例文件/Complete12/桌面发布"文件夹，其中有"桌面发布.air"、"桌面发布.p12"、"桌面发布.swf"、"桌面发布_app.xml"四个文件是在发布 AIR 程序时创建的。"桌面发布.p12"是创建的证书。

　　（2）双击运行"桌面发布.air"文件，如图 12.17 所示。

　　这时，会提示是否安装该应用。由于之前使用了自行设计的签名证书来创建 AIR 安装包，因此 Adobe 会警告这是一个未知不可信任的开发程序，可能存在潜在的安全威胁，如图 12.18 所示，如果可以相信自己所设计的应用程序，那么运行它就没有问题。

images	2016/3/23 21:50	文件夹	
four.fla	2015/11/22 21:17	Flash 文档	345 KB
four.swf	2015/12/14 22:21	SWF 影片	56 KB
one.fla	2015/11/22 16:04	Flash 文档	140 KB
one.swf	2015/12/15 19:16	SWF 影片	54 KB
textLayout_2.0.0.232.swz	2012/3/30 16:19	Flash SWZ File	183 KB
three.fla	2015/11/22 17:28	Flash 文档	139 KB
three.swf	2015/12/14 22:20	SWF 影片	65 KB
two.fla	2015/11/22 17:27	Flash 文档	126 KB
two.swf	2015/12/15 19:15	SWF 影片	64 KB
恢复_桌面发布.fla	2016/3/23 21:51	Flash 文档	3,524 KB
桌面发布.air	2016/3/23 21:50	Installer Package	1,249 KB
桌面发布.fla	2016/3/20 18:19	Flash 文档	3,524 KB
桌面发布.html	2016/3/23 21:49	360 se HTML Do...	3 KB
桌面发布.p12	2016/3/23 20:41	Personal Inform...	3 KB
桌面发布.swf	2016/3/23 21:49	SWF 影片	1,004 KB
桌面发布-app.xml	2016/3/23 21:49	XML 文档	2 KB

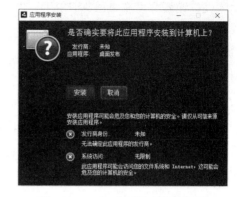

图 12.17　桌面发布文件夹内容　　　　　图 12.18　AIR 应用程序安装界面

（3）单击"安装"按钮，选择"安装目录"后单击"继续"按钮，如图 12.19 所示。

（4）然后出现安装进度界面，如图 12.20 所示。

图 12.19　选择 AIR 应用程序安装目录　　　图 12.20　应用程序安装进度界面

（5）安装完成后，程序自动运行，如图 12.21 所示。在桌面上有应用程序的图标，如图 12.22 所示，双击该图标和其他桌面应用一样，即可运行安装的 AIR 应用程序。

图 12.21　程序安装后自动运行　　　　图 12.22　应用程序的图标

2．设置和发布桌面 AIR 应用

（1）打开"Lesson12/范例文件/Start12/桌面发布"文件夹中的"桌面发布.fla"文件，在文档的"属性"面板中单击"发布设置"按钮，如图 12.23 所示。

（2）在弹出的"发布设置"对话框中，在"目标"下拉列表中选择"AIR 17.0 for Desktop"选项，其他选项保持默认设置不变，单击"发布"按钮，如图 12.24 所示。

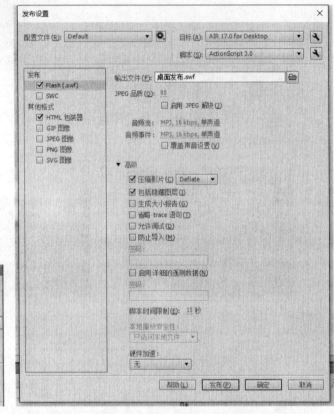

图 12.23 "属性"面板　　　图 12.24 "发布设置"对话框

（3）在弹出的 AIR 设置对话框中，选择"常规"→选项卡在"输出文件"文本框中设置参数为"Lesson12/范例文件/Start12/桌面发布/桌面发布.air"；在"包括的文件"选项中，单击 图标把该程序需要调用的文件添加进去，在这里添加"one.swf"、"two.swf"、"three.swf"、"four.swf" 4 个文件。" "代表去除添加的文件或文件夹，" "代表添加文件夹，如图 12.25 所示。其他选项可保持默认设置或者根据自己的需要进行设置。

（4）选择对话框中的"签名"选项卡，在出现的面板中设置"证书"参数，因为目前没有证书，所以不用单击"浏览"按钮，直接单击"创建"按钮，如图 12.26 所示。

图 12.25　"AIR 设置"对话框　　　　　图 12.26　"签名"选项卡

（5）在弹出的对话框中输入"发布者名称"、"组织单位"、"组织名称"的信息，设置"国家或地区"为"CH"，密码为"123456"，"另存为"设置参数为"lesson12/Lesson12/范例文件/Start12/桌面发布/桌面发布.p12"，如图 12.27 所示。

（6）单击"确定"按钮，提示创建证书成功，返回如图 12.26 所示的界面，在"密码"文本框中输入和创建证书同样的密码，这里是"123456"。

（7）选择"图标"选项卡，在弹出的对话框中设置应用程序安装后的"图标"，如图 12.28 所示。

选择"图标 32×32"选项，单击 按钮，设置图标文件为"lesson12/Lesson12/范例文件/Start12/桌面发布/images/图标.png"。

（8）单击"发布"按钮，出现如图 12.29（a）所示的发布进程界面，发布完成后提示完成，如图 12.29（b）所示。

如果未连接时间戳服务器，可能会出现如图 12.29（c）所示的提示，选择"禁用时间戳"即可。

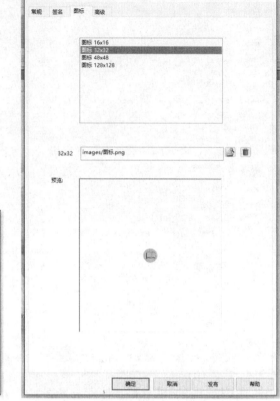

图 12.27　"创建自签名的数字证书"对话框　　　　图 12.28　"图标"选项卡

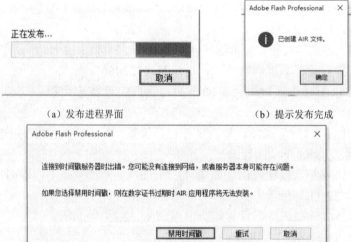

（a）发布进程界面　　　　　　　　（b）提示发布完成

（c）"Adobe Flash Professional"提示框

图 12.29　发布桌面 AIR 应用

（9）此时打开"lesson12/Lesson12/范例文件/Start12/桌面发布/"目录，同样出现了"桌面发布.air"、"桌面发布.p12"、"桌面发布.swf"、"桌面发布.app.xml"4 个文件，接下来就可以运行"桌面发布.air"来安装桌面应用了。

12.3 移动应用发布

下面以华为（HuaWei）C8813 智能手机为例学习发布到 Android 手机，其他移动设备的发布可大致按这个原理和步骤进行。 在向手机发布应用程序前，先下载安装手机 AIR 运行程序。

（1）打开"lesson12/Lesson12/范例文件/Start12/移动发布/"目录，运行"yd.fla"文件（文件名用英文命名以便顺利发布到 Android 手机 ），在文档"属性"面板中，设置"目标"为"AIR 17.0 for Android"后，单击"发布设置"按钮，如图 12.30 所示。

（2）在弹出的"发布设置"对话框中单击"发布"按钮，如图 12.31 所示。

（3）在弹出的"AIR for Android 设置"对话框中单击"创建"按钮创建证书，如图 12.32 所示。

图 12.30 文档"属性"面板　　　　　图 12.31 "发布设置"对话框

证书创建操作过程同桌面发布相同。随后对"常规"、"图标"、"权限"、"语言"等选项根据自己需要进行相应设置（在"常规"选项卡中"输出文件"的名称和"应用程序"的名称不能相同；在发布目录文件夹中如已存在 APK 文件，"输出文件"的名称最好用已有的 APK 文件名称）。

（4）把华为（HuaWei）C8813 智能手机连接到计算机，在手机上选择"手机设置"→"开发人员选项"选项，然后选择"USB 调试"命令。手机界面如图 12.33 所示。

图 12.32　创建证书　　　　　　　　　图 12.33　华为手机界面

（5）此时在"AIR for Android 设置"对话框中会出现手机的"设备序列号"，如图 12.34 所示。

图 12.34　"AIR for Android 设置"对话框

（6）参照图 12.33 的参数进行设置完毕后，单击"发布"按钮，出现如图 12.35 所示发布进程界面。

（7）发布完成后，手机会打开已安装的程序，并且在手机里生成了应用程序图标。程序运行界面如图 12.36 所示。

图 12.35　正在发布进程界面　　　　　图 12.36　程序运行界面

12.4 在 AIR Debug Launcher 中测试手机的响应情况

下面将学习在 Flash professional CC 中使用 Adobe Simulator 和 AIR Debug Launcher 在仿真手机上模拟调试手机应用程序。

（1）打开"lesson12/Lesson12/范例文件/Start12/移动发布/"目录，运行"yd.fla"文件（文件名用英文命名以便顺利发布到 Android 手机 ）。

（2）按 F9 键打开"动作"面板，选择"as:第一帧"单击 <> 图标打开"代码片断"面板，选择"滑动以转到上/下一场景并播放"选项，如图 12.37 所示。

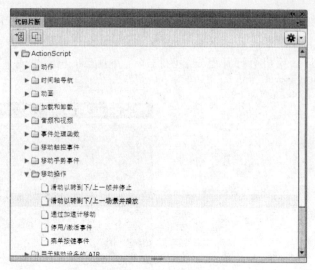

图 12.37　"代码片断"面板

（3）单击"代码片断"面板的 图标后，时间轴上增加了一个名为"Actions"的图层，在该图层第一帧添加如下代码：

```
    Multitouch.inputMode = MultitouchInputMode.GESTURE;
    stage.addEventListener (TransformGestureEvent.GESTURE_SWIPE,
fl_SwipeToGoToNextPreviousScene);
    function fl_SwipeToGoToNextPreviousScene(event:TransformGestureEvent):void
      {
        if(event.offsetX == 1)
        {
        // 向右滑动
        prevScene();
      }
        else if(event.offsetX == -1)
        {
        // 向左滑动
        nextScene();
        }
      }
```

其主要功能是在每个场景之间实现向前或向后的手指滑动交互操作，如图 12.38 所示。下面来学习用仿真手机测试其功能。

（4）选择"控制"→"测试影片"→"在 AIR Debug Launcher（移动设备）中"命令，如图 12.39 所示。

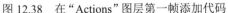

图 12.38　在"Actions"图层第一帧添加代码　　图 12.39　选择"在 AIR Debug Launcher（移动设备）中"选项

（5）出现一个手机模拟面板，一个程序运行窗口，如图 12.40 所示。这个功能将影片发布到新窗口中，并打开 Simlator，为 Flash 内容的交互性设计提供各种运行测试选项。

（6）在"Simulator"（仿真器）面板中，展开"TOUCH AND　GESTURE"（触摸和手势）栏，选择"Touch layer"复选框以激活这一功能。该仿真器会在 Flash 内容上覆盖一层透明的灰色框，以仿真手机设备的触摸屏。选择"Gesture"（手势）选项区域中的"Swipe"（滑动）单选按钮，如图 12.41 所示。

图 12.40　手机模拟面板和程序运行窗口

图 12.41　"Simulator"（仿真器）面板

注意：选择"Touch layer"复选框时，不要移动含有 Flash 内容的窗口（AIR Debug Launcher，ADL），否则仿真器的触摸层就无法与 ADL 窗口对齐，也就无法精确的测试手机上的互动设计。要修改触摸层的不透明度，可修改"Alpha"值，如图 12.42 所示。

（7）现在，仿真器激活了滑动功能的互动设计。面板底部的说明（Instruction）会提示如何仅通过鼠标来创建交互设计。在 Flash 内容上按住"Touch Layer"（触摸层）向左拖动，然后松开鼠标。黄色的点表示手机设备触摸层上的接触点，如图 12.43 所示。

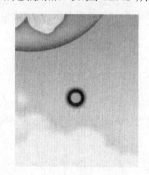

图 12.42　修改触摸层的不透明度　　　　图 12.43　手机设备触摸层上的接触点

这样就可以识别滑动动作，然后向左或向右滑动，Flash 就会后退或前进一个场景并播放。

（8）调试中发现，当一页滑动过渡到另一页时，前一页的声音还在播放，要停止前一页的声音在"Actions"图层第一帧的第 15 行和第 21 行添加"SoundMixer.stopAll();"代码，如图 12.44 所示。

```
10    function fl_SwipeToGoToNextPrevious:
11    {
12        if(event.offsetX == 1)
13        {
14
15            SoundMixer.stopAll();
16            // 向右滑动
17            prevScene();
18
19        else if(event.offsetX == -1)
20        {
21            SoundMixer.stopAll();
22            // 向左滑动
23            nextScene();
24        }
25    }
26
```

图 12.44　添加"SoundMixer.stopAll();"代码

 12.5　测试和发布 Flash 文档

在创建内容时要及时测试影片，这样识别出现问题的原因时就会更加简单。如果完成每段操作后都随时测试，就可以清楚自己的错误并及时修改，减少以后的错误量。因此，最好的做法就是"早测试，常测试"。

快速预览影片的方法是选择"控制"→"测试影片"→"在 FLash Professional 中"命令（或按 Ctrl+Enter 组合键或 Command+Return 组合键）。发布 Flash 文档时，如果"目标"是 Flash Player，那么测试影片命令就会在 FLA 文件所在的位置创建一个 SWF 文件，以便可以在 Flash 应用中直接播放和预览该影片。这时，并没有创建用于 Web 浏览器播放影片所需的 HTML 文件。

确定已经完成影片或其中的部分时，最好再次确认所有的元素是否各在其位，各司其职。

测试影片模式下，默认影片可以循环播放。要使 SWF 文件在浏览器中播放方式不同，可选择不同的发布选项，或添加 ActionScript 代码以停止"时间轴"。

（1）检查工程的描述目标和需求的文档。如果没有这样的文档，在浏览影片时编写一个描述目标期望的文档，包括动画时长信息、影片中的按钮或链接、影片的内容等。

（2）使用故事板、项目需求或编写的描述文件来编写一个检查列表，用于验证影片是否符合需求。

（3）选择菜单"控制"→"测试影片"→"在 Flash Professional 中"命令影片播放时，将其和检查列表比对，然后单击按钮和链接，确认是否符合要求。这时需要考虑到所有用户可能会遇到的情况，这一过程称为 QA（Quality Assurance）。在大型工程中，也被称为"beta 测试"。

（4）对于使用 Flash Player 播放的影片，选择菜单"控制"→"测试影片"→"在浏览器中"命令，导出可在浏览器中播放的、可预览影片的 SWF 文件和 HTML 文件。此时，将会打开浏览器并播放最终的影片。

（5）将两个文件（SWF 文件和 HTML 文件）上传至 Web 服务器，就可以将 Web 网址发给同事或朋友，以便帮助测试影片。可以要求他们在不同的计算机和浏览器上播放该影片，以确保已经完成了所有所需文件和影片符合检查列表的各个要求。还可以鼓励测试人员将自己视作影片的目标群体来观看该影片。

如果工程需要其他媒体，如 FLV 或 F4V 视频文件、视频的皮肤文件或加载的外部 SWF 文件，就需要将它们随着 SWF 文件和 HTML 文件一起上传，放在相同的位置，如同最初设计时它们在硬盘中的相对位置一样。

（6）如有需要，可对影片做出最后的修改和纠正。上传修改后的文件，要再次测试以确保符合需求。整个重复的测试、修改及纠正过程可能有点麻烦，但这是发布一个成功的 Flash 工程过程中非常重要的一部分。

清除发布缓存

通过选择菜单 "控制"→"测试影片"→"在 Flash Professional 中"命令生成 SWF 文件来测试影片时，Flash 将会把这工程中所有字体和声音的压缩副本置入发布缓存中。再次测试影片时，如果字体和声音没有改变，Flash 将会使用缓存中的内容以加速 SWF 文件的导出过程。也可以通过选择菜单"控制"→"清除发布缓存"命令来手动清除这些缓存。如果要清除缓存后再测试影片，可以选择菜单"控制"→"清除发布缓存并测试影片"命令。

作业

一、模拟练习

使用"lesson12/范例文件/Start12"目录下的"Internet 发布"、"桌面发布"、"移动发布"3 个文件夹内的资料，分别练习和掌握 3 种平台下 Flash 应用程序的发布技巧。动画资料已完整提供，保存在素材目录"Lesson12/范例文件/Start12"中，或者从 http:// nclass.infoepoch.net 网站上下载相关资源。

二、理论题

1．设计环境和运行环境有什么不同？

2．为了确保最终的 Flash 影片可以在 Web 浏览器的 Flash Player 中播放，需要将哪些文件上传到服务器中。

3．如何辨别用户安装的 Flash Player 版本？而这又为什么很重要？

理论题答案：

1．设计环境指的是创建 Flash 时所在的环境，如 Flash Player CC。运行环境指的是为观众回放 Flash 内容时的环境。Flash 内容的运行环境可以是桌面浏览器中的 Flash Player，也可以是 AIR 应用，还可以是移动设备。

2．要确保影片在 Web 浏览器中可以如期望的那样播放，需要上传 SWF 文件和 HTML 文档来通知浏览器如何播放 SWF 文件。还需要上传 swfobject.js 文件，以及需要的关联文件，如视频或其他 SWF 文件，并确保它们的相对位置（通常与最终的 SWF 文件在同一个文件夹中）与在硬盘中的位置一样。

3．在"发布设置"对话框的 HTML 选项卡中选中"检测 Flash 版本"复选框，以便可以在用户计算机上自动检测 Flash Player 的版本。

反侵权盗版声明

　　电子工业出版社依法对本作品享有专有出版权。任何未经权利人书面许可，复制、销售或通过信息网络传播本作品的行为；歪曲、篡改、剽窃本作品的行为，均违反《中华人民共和国著作权法》，其行为人应承担相应的民事责任和行政责任，构成犯罪的，将被依法追究刑事责任。

　　为了维护市场秩序，保护权利人的合法权益，我社将依法查处和打击侵权盗版的单位和个人。欢迎社会各界人士积极举报侵权盗版行为，本社将奖励举报有功人员，并保证举报人的信息不被泄露。

举报电话：（010）88254396；（010）88258888

传　　真：（010）88254397

E-mail：　dbqq@phei.com.cn

通信地址：北京市万寿路 173 信箱

　　　　　电子工业出版社总编办公室

邮　　编：100036